高等职业学校烹调工艺与营养专业教材

餐饮设备与器具概论（第二版）

An Introduction of Catering Equipment and Utensils

(2nd Edition)

蔡毓峰◎著

中国轻工业出版社

图书在版编目（CIP）数据

餐饮设备与器具概论：第二版 / 蔡毓峰著. —北京：中国轻工业出版社，2019.5
高等职业学校烹调工艺与营养专业教材
ISBN 978-7-5184-2378-1

Ⅰ. ① 餐… Ⅱ. ① 蔡… Ⅲ. ① 炊具 – 高等职业教育 – 教材 Ⅳ. ① TS972.21

中国版本图书馆CIP数据核字（2019）第023375号

责任编辑：史祖福　方晓艳　　责任终审：孟寿萱　　整体设计：锋尚设计
策划编辑：史祖福　　责任校对：吴大鹏　　责任监印：张　可

出版发行：中国轻工业出版社（北京东长安街6号，邮编：100740）
印　　刷：艺堂印刷（天津）有限公司
经　　销：各地新华书店
版　　次：2019年5月第1版第1次印刷
开　　本：787 × 1092　1/16　印张：13.75
字　　数：310千字　　插页：1
书　　号：ISBN 978-7-5184-2378-1　定价：56.00元
邮购电话：010-65241695
发行电话：010-85119835　传真：85113293
网　　址：http://www.chlip.com.cn
Email：club@chlip.com.cn
如发现图书残缺请与我社邮购联系调换
180874J2X101ZYW

目录

CONTENTS

二版序

时代一直在变！2017年下半年有报纸杂志提到了一篇有趣却也严肃的报道，内容提及微软创办人比尔·盖茨于1999年出版的《未来时速》（Business@the Speed of Thought）书中做了十五个预测，而在十八年后的今天，这十五个预测居然都成真了！像是比价网站出现了，如Trivago；移动设备不仅出现，还演变为几乎人手一台或多台，例如各位手边的平板电脑和智能手机；社群媒体出现了，如Facebook、Twitter、Instagram、Line等；这些你我现今习以为常的事物都在比尔·盖茨十八年前出版的书籍里被预测了。物联网的概念当然也被他神准地预测，并实现在你我生活的周遭和各式各样的商业行为当中。

餐饮业自然也不例外。在餐饮业中，烤箱不再只是手动的旋转钮，而是通过手机App的联网，主厨可以远程监控烤箱内食物的外部和中心温度、湿度，并且利用预设的程序做远程的遥控，进行烘焙工作。各位熟悉的回转寿司盘子里已经建立了晶片，有效掌握了轨道上回转的时间、销售的统计、快速的计价，甚至利用远程探测食物的温度，透过镜头监控达到盘点的功能，并且还能分析出需求，即时给予厨师对于特定项目的制作补充建议……这些都是发生在餐饮业内外场划时代革命性的创新改变。

八年前写这本书的动机很简单，无非是希望通过浅显易懂及图文并茂的方式，对初涉餐饮领域的学子给予一个简单的入门，一窥餐饮设备与餐具器皿的种种。举凡规格、用途、保养方式、器皿材质的特色等，在本书中希望都能有所说明，并且对于厨房的各类设备做较多篇幅的说明。当时单纯地认为，厨房的器具设备不会在短短的几年间有大幅的创新进步，但事实就是发生了，洗涤设备有了长足的进步、烘焙厨房的设计规划越来越专属且专业、吧台设备更是对于红酒开瓶后的保存有了独到的设计，这些都凸显了这本书被修订的必要性。

本人在工作万分忙碌之余，利用空档时间做了整理和撰写，在此特别感谢以专业厨房设计与厨具设备规划为傲的挚友诠扬股份有限公司虢正游协理、铭传大学餐旅管理学系陈柏苍专任副教授、台北松山意舍酒店餐厅经理丘奕欣、本书责任编辑范湘渝小姐等人的资讯提供及专业咨询，让本书的二版能顺利付梓发行。笔者才疏学浅疏漏错误在所难免，尚祈各方前辈不吝指教，是盼！

蔡毓峰

2017年11月

Chapter 第一章 01

餐务管理实务

第一节　概述

餐饮业是一个高度竞争的行业。成功的经营要素繁多，举凡商圈地点、餐点设计、厨师手艺、价格策略、营销手法，以及本身的商誉和品牌价值之外，美学方面的考量也是一项要素，例如内部装潢的走向、氛围的营造，乃至于餐具餐盘、桌布口布的材质选择及花色搭配，都影响了消费者的感受，让到餐厅用餐不仅仅是口腹之欲的满足，更是一种感官上精神层面的满足。尤其在近年M型化社会日趋明显的趋势下，不仅是高消费的餐厅对于金字塔尖端的客户群必须竭尽心思地去创造更好的用餐体验，一般大众消费的餐厅也意识到周边氛围的创造所带来的附加价值，是吸引大众消费群上门光顾的重要因素。于是，更具设计质感并且实用的餐具不断地推陈出新，以迎合餐饮业主的美学需求，更多崭新的材质也为了适应洗涤设备或烹饪设备的需求，而不断地被开发出来；当然，更具坪效［每坪的面积产出的营业额（1坪＝3.3平方米）］、工作效率、容易保养维护的厨具设备、工具或收纳的器材也如雨后春笋般地被设计而出，并广为餐饮业者所喜爱及采用。

有效率地管理餐厅一切餐具器皿设备以及布巾，并不是一件容易的事情。在大型的饭店里因为种类数量繁多，且餐厅营业单位较多，因此多半会设立餐务部门统筹管理这些生财器具。通过专人或是专属团队有效率地集中管理，举凡盘点、库存、调度、维修保养、清洁、请购、损耗统计都能有效率地被执行，让物资集中管理以得到最大的生产力。然而，对于一般餐厅而言，碍于人力物力甚至空间的限制，多半无法如饭店餐务部门般有得天独厚的条件来做管理，于是餐厅的餐具器皿设备之保养维护，就很容易成为管理上的死角。

第二节　餐务管理工作

一、饭店餐务部门之餐务管理

依据饭店的规模及内部的组织架构可将餐务工作定位成一个部门或是餐饮部下辖的餐务组。因为这是一个专属独立的单位和团队，所以工作职责上也较为繁琐复杂，内容包罗万象甚至涵盖工作人员的活动区域清洁管理，例如员工餐厅、员工休息区、更衣间置物柜等，而主要的工作项目则有如下几项。

（一）库存管理

餐务部（组）有责任随时了解库存各项器皿设备的数量及规格，方便宴会业务部门在接洽业务时，能够随时了解业务承接能力。工作人员透过内部建立标准的作业规范，将各式餐具器皿分门别类、有效地陈设堆叠或通过专属的容器盛装各式餐具，并且通过图片、表格及电脑档案，甚至专属的库存管理软件，掌握最新的库存动态及储存位置。

（二）请领发给及回收控管

要能做好上述的库存管理，非常重要的两个工作环节就是“请领发给”及“回收控管”作业。当餐厅或宴会厅有额外餐具器皿的需求时，可通过单位主管（例如餐饮部协理）的核可，凭单向餐务部申请领取所需的品项及数量，并且在预定的归还时间如数且完整地交回给餐务部库房。而若是遇有外烩业务或外借给同业时，则还需交由安全保卫部门主管签核后，才能携出饭店（见表1-1、表1-2）。

表1-1　库房器皿提领申请单范例

库房器皿提领申请单

日期：　　年　　月　　日

提领单位：

库房编号	品名	申领数量	实领数量	预计归还		实际归还（归还时填写）		
（库房单位填写）			（库房单位填写）	日期	时间	日期	时间	数量

提领单位主管：　　　　餐饮部协理：　　　　库房：

表1-2　员工物品携出放行条范例

员工物品携出放行条

日期		部门	
职称			
品名		数量	

部门主管：　　　　　　　　　　安全部：　　　　　　　　　　申请人：

（三）保养及清洁维护

餐务部门的一项非常重要的工作就是针对所保管的餐具器皿设备做完善的保养及清洁维护。通过完善的保养机制，定期地依据餐具器皿材质的不同，安排不同方式的清洁保养方式。例如，银质器具利用抛光机或是氧化还原的化学药剂让餐具重新恢复光泽；咖啡杯具或茶壶等容器定期漂白，以彻底去除长期使用所遗留的咖啡垢或茶垢。其他例如不锈钢或电镀亮面的各式器皿，也需定时擦拭保持表面光亮。

（四）设备维养

对于各式的设备，例如自助餐厅供客人自行操作的咖啡机、咖啡壶保温座，乃至于冰淇淋机、果汁机、履带烤箱、烤吐司机等简易保冷或加热设备，都因为使用量大且搬运频繁而需更确实地做好保养与清洁。一来避免顾客察觉机器设备脏污而留下不好的印象；二来更需仔细检查确认这些设备的工作效率是否良好，并且在接电接水的环节上能保持安全无虞。当然，对于较复杂的机器检修则仍有赖供应商的专业技师来进行。

（五）请购

餐务部门管理库房的另一个重要目的就是能够掌握库存，并随时了解每项器皿设备的最低安全库存量，进而在必要的情况下向采购单位提出请购需求，让整个饭店的营业单位能够无虞的接洽各式宴会业务。请购动作看似简单，但是由于餐具种类花色繁多，要能够持续采购现有的同系列餐具其实并不容易。要看制造厂商推出之产品的销售受欢迎程度，来决定是否继续订购同系列花色的餐具。如果已经停产，采购部门则须在市场上继续搜寻各家供应商，采购他们既有的库存货，以补足餐务部门库房的库存缺口。

此外，许多进口的餐具器皿都因为价格昂贵而造成供应商不愿意库存过多，一旦下单采购极可能需要四十五至六十天的时间，对于营运单位的使用可能会造成缓不济急的情况。因此，考虑和大型的餐具器皿进口供应商配合，借由他们较具优势的库存量和有效率地及时进口补货，能让饭店餐厅等营业使用单位更安心。

（六）洗涤人员管理

一般而言，饭店的各个营业餐厅所属的洗涤设备及洗涤人员都属于餐务部门所管辖。

借由餐务部门的统筹管理及教育培训，让所有洗涤人员都能获得正确的洗涤知识和机器设备的操作技能。这除了让餐具在洗涤过程中能够获得更正确的洗涤流程，进而获得更长的使用寿命之外，也可以借由洗涤人员所反映的一些餐具设计或材质上的缺失，作为之后是否持续采购的重要参考。

（七）横向部门间的联系协调

饭店里的各个营业单位除了餐厅之外，还包含外烩、宴会、商务会议甚至客房餐饮服务或是公关活动组，都会因为承接各式餐饮业务或是举办活动而有机会向餐务部门提出餐具器皿的申请领用。当然，在周末或特定假日时也是营业的尖峰时间，很可能有不同的营业单位同时会申请领用平日较不常用、数量也较少的特定器皿。库存量不敷使用时，餐务部门除了向采购部门申购之外，其实也可以通过部门间的协调让器具能及时地在不同部门间接连着轮替使用，或是通过协调改用不同的器具作为对策。当然，这中间很重要的因素除了沟通协调能力及高库存控管力能提高使用率外，各部门间放弃本位主义做善意沟通，让所有单位都能圆满获得问题的解决才是上策。

二、餐厅的餐务工作管理与执行

接下来要介绍的是餐厅的餐务“工作”。之所以会特别以“工作”来称呼，就是因为餐厅相较于饭店，无论在面积、桌台数、座位数、人员编制、操作复杂的程度乃至于营业额都远小于饭店的餐饮部门，这中间主要的关键是在宴会业务的承接与否。当然就人员编制及工作场所而言，餐厅也确实小了许多，因此鲜少听闻有餐厅会独立编制一个餐务单位来统筹处理餐具的盘点、采购、洗涤、维养等后勤工作。但是不可讳言的，上述这些工作在规模较小的餐厅仍必须努力去执行，以提供生财器具的生产力并且有效控管库存，避免不敷使用或是库存过多造成资金运用的浪费。笔者仅就餐务部门的工作职能如何在一般餐厅被执行做下列的介绍。

（一）库存管理

在一般较具规模的餐厅里，多半会有两至三位餐厅经理及主管负责全餐厅的营运，并且排定班表轮值、楼面值班主管。因此，这些餐厅主管们除了在营运时负责掌握整体营运的顺畅度，确保顾客用餐过程中一切的满意度执行外，每位餐厅主管也都有自身的行政业务。举凡餐厅的清洁督导、设备维修保养、营销公关、部门人力管理、消防安检业务、采购比价、人力资源招募训练等繁琐业务，都由餐厅主管来分项负责。

一个机制健全的餐厅每个月都必须进行库存盘点，除了各项食材、饮料等原物料做翔实盘点，以了解进销存状态进而计算当月损益及成本率外，对于各项餐具器皿等生财器具，也会进行仔细的盘点以确认库存数量并进而了解当月生财器具的损耗。多数的餐厅主管会指派一位信赖可靠的工作人员（通常是正职的工作人员），进行这项常态性的工作。除了初期的仔细训练教导盘点的技巧及应注意事项之外，固定专人进行盘点也会因为了解库房内各项器具的摆放位置及经验的累积，让盘点工作更加有效率。而盘点的数字也可以因此而降低人为的错误。在美式餐厅里习惯称呼这位常态性进行盘点业务的同事为“仓管员”或“财产管理员”或“Steward”。

（二）请领发给及回收控管

有别于饭店的专属餐务部门进行库存管控、请领发给以及回收控管作业，餐厅的仓管员必须更有效率地在每月进行仔细的盘点之外，平时对各项餐具器皿的库存数量也要有高度的敏感度，并随时保有一份最近一次的盘点表作为参考。

遇有较大型的筵席订位需要额外从仓库提领库存的餐具器皿时，通常也都由仓管员自行取出交给现场工作人员使用。若遇有休假，则通常由较资深的工作人员或主管盘点采购业务的餐厅主管替代。因为省去了文书表格的填写及公文往返，对于餐具器皿的提领使用远比饭店来得更有效率，但是缺点是较无法确实控管餐会结束后是否全数回收入库。只能有赖餐厅主管及工作同仁的全力配合，在餐会后随即进行洗涤并装箱入库。

对于破损的餐具，餐厅和饭店多半会设置有专属的回收桶负责回收，一来便于垃圾分类且避免清洁人员误伤；二来也可以借由在回收桶旁边设置表格，让同仁确实填写破损的项目及数量，作为管理人员的数量参考。

（三）保养及清洁维护

餐厅因为规模及预算的关系，多半无法像饭店有专人在进行餐具的保养及清洁维护工作。但是餐具的保养及清洁维护工作仍需要有人来执行，以确保餐具器皿随时能保持在最佳状态。现今餐厅的做法多半是利用用餐期间空班的时间，按照预先设定好的计划表进行（见表1-3）。至于保养及清洁维护的工作内容，则与饭店并无二致，也同样采用高标准在执行。例如：银质器具的氧化还原使其保持亮光，甚至定期用抛光机打磨；玻璃杯的定期深度清洗以保持玻璃的高透视度与清晰明亮度；咖啡杯、茶杯的定期漂白刷洗，去除咖啡垢和茶垢；水晶材质的醒酒器（瓶）则以少量海盐倒入，利用海盐粗糙的表面帮水晶醒酒瓶的内部做刷洗，借以去除红酒所留下的色泽。

（四）设备维养

餐厅并不会因为规模较小而在设备维护保养的工作上有所懈怠。因为这些生财设备多半价格不菲，且在营运中如果因为没有定时的维护保养而造成瞬间的故障，将会造成工作人员的困扰进而影响到顾客的用餐品质或权益，千万不可大意！

男性工作人员多半对机械较有与生俱来的天分，或至少不会太排斥接触这些工作。因此，简单如冷藏冷冻设备散热片的定期刷除灰尘污垢（让压缩机能有良好的散热效果）、炭烤炉架的保养、燃气炉口的定期清洁确保燃烧完全，都是不可忽略的工作。当然也有许多较精密的设备仍有赖专业技术人员来定期保养清洁，例如常见的吧台苏打枪就需要定期的微调糖浆及二氧化碳的比例，让口味不致偏差；意式咖啡机内建的磨豆机的研磨粗细度也和季节气候温湿度有关系，热水的温度、锅炉的蒸汽压力都必须定期调校，才能煮出香浓且品质一致的咖啡。

表1-3　银质器皿保养计划表范例

银质器皿保养计划表

	星期一	星期二	星期三	星期四	星期五	星期六	星期日
	小银壶 奶盅	胡椒盐罐 银架	银质 冰水壶	银质 保温壶	银质 面包篮	银质 酱料盅	银质 糖包罐
	餐刀	奶油刀	沙拉叉	餐叉	茶匙	汤匙	
日期							
数量							
合格							
日期							
数量							
合格							
日期							
数量							
合格							
日期							
数量							
合格							

（五）请购

除了大型连锁餐厅会编制采购部帮各分店统筹采购事宜之外，多数餐厅的采购工作都是由主厨及餐厅主管担任。这种采购方式的优点是使用者即为采购者，多半能有效率地进行规格订定进而寻货、议价，再经由业主或餐厅最高主管核可后，随即进行下单订购。

快速的决策流程和少了餐厅分店和总公司采购部间的联系时间，让整个工作流程所需时间节省不少，也避免了餐厅使用单位、采购部以及厂商三方间的沟通误会，让整体的效率提升。缺点则是因为单店采购数量上明显远不及连锁餐厅或大型饭店，自然在议价空间上小了许多。对于初次订购交易的厂商，彼此间的信赖度也无法相提并论。

若是遇上特定花色系列的餐具停产时，因为餐厅所需数量较小，厂商在其同业间调度库存以供应餐厅所需，多半比较能够满足餐厅小量订购的需求。即使厂商无法调度到市面上的库存，而必须全面更换餐具款式时，餐厅也会因为决策流程快、餐具需求量较小，而较易在短时间内全面更换餐具。在运营上的弹性灵活度显然比饭店或大型连锁餐厅来得更快、更有效率。

（六）洗涤人员管理

传统雇用员工以表面活性剂搭配手洗的方式来做餐具洗涤的工作，现在已经逐渐式微，仅存在于小型传统的餐饮店家。现今多数的餐厅多设有机械式的洗涤设备，搭配专属的洗涤药剂做有效率的餐具洗涤工作。至于洗涤人员，大型餐厅多半会将餐厅清洁打扫工作及餐具洗涤工作外包给专业的清洁公司执行外，多数中小型餐厅仍自行雇用洗涤人员或是由实习生轮班进行洗涤工作。

良好的洗涤设备操作及维护，并搭配训练有素的洗涤人员，除了能将洗涤工作确实落实之外，对于洗涤化学药剂的使用也可以因为有效的机械操作达到节省的目的，并且同样完成良好的洗涤效果。在本书后面的章节里，会针对洗涤设备的操作要领及工作原理做更详细的叙述。

第三节　预算编列及破损控管

一、预算编列

餐厅在着手筹备期间工作繁多，举凡概念型态的拟定、地点选定、设计规划、工程施工，乃至于内部视觉陈列设计、设备机具及餐具布品的选择，都考验着业主的智慧与判断力。而其中餐具布巾类在选择时要考虑的几个要素如下。

（一）视觉效果

中国人对于饮食讲究的程度可以从古人常说的“色、香、味”看出端倪。其中“色”，指的是除了菜色本身在食材颜色及盛盘装饰之外，餐具的搭配更是具有画龙点睛的效果，而且视觉传达到顾客的大脑速度，远比闻到香味以及亲自尝上一口所感受到的美味来得快许多。

当视觉印象成了饕客们享用美食的第一印象，在餐具选择上自然需要多费些心思了。目前坊间餐具供应商除了一些基本款的实用餐具外，也乐意引进国外名师设计的高价餐具，就是为了迎合餐厅业者和用餐顾客的喜好及需求。这些极富设计感的餐具，除了能满足基本的餐具功能之外，线条唯美立体、用色大胆等都是其特色。餐厅业者不妨在预算能够负荷的前提下多做比较，审慎选择，用以呼应餐厅布巾、陈列摆设艺术品以及装潢基调，让整体的氛围能更有加分的效果。

（二）材质与耐用度

不可否认材质的选用脱离不了采购成本的变动，但是却不见得与耐用度有等比的变动。也就是说，好的材质确实对耐用度多少有提升的效果，但是好的材质对于采购成本的提高，却有更明显的影响。

举例来说，瓷器餐具除了一般瓷器之外，强化瓷器近年成了最受欢迎的材质。强化瓷器除了维持瓷器与生俱来的美观、质感佳之外，密度更高、更坚固、不易破损是它的优点，而合理的价格更成为它受欢迎度历久不衰的原因。骨瓷虽然具有更高的硬度及优雅的质感，但是它的价格偏高就成了高级餐厅才会考虑采购的材质。至于密胺器皿

（Melamine），价格便宜、耐摔、好看是最大特色，但是人造塑胶的材质毕竟难登大雅之堂，只有在一般简餐或经济型餐厅才会考虑采用。

（三）厂商后续供货能力

赔钱生意无人做，餐具厂商费心设计开发出来的餐具如果无法获得市场的青睐，则会有两个后续的作法：一是停止生产让生产线改生产其他受欢迎的产品，以提高工厂产能；二是将既有滞销的库存品以低价出清，减少库存带来的资金压力并提高库房的储存效能。

餐厅在选购餐具时如果挑到这种停产的餐具，固然在采购成本上节省不少的预算，但是换来的就是日后买不到同款商品的困扰。除非餐厅在选购之初就已经知晓停产餐具的情形，并且早已有了应对策略（例如届时打算全面更换餐具款式），否则仍应三思而行。

（四）实用性

曾经有人开玩笑地说："餐具的选择务必请教从事餐饮事业的人，千万不能只听外行人或是装潢设计师的建议，因为通常发生的问题都是中看不中用。"这样的结论虽然不是完全正确，却也点出了旁观者（设计师或其他不相干的人）与当局者（即使用者，这包含了顾客、餐饮服务员、洗涤员、仓管员）的立场不同。旁观者的立场其实相当单纯，就是外观唯美，单独看起来要好看，和桌布装潢的搭配也要有加分的效果，但是就当局者而言要考虑的可就多了许多。

汤碗及饭碗的碗口幅度收得是否恰当，会直接影响客人用餐时就口性的适切与否，喝汤时尤其容易受到影响。西式餐具把柄是否好握、餐刀是否方便施力，这些问题都是与用餐客人息息相关的，仔细地选择是对用餐客人的一种尊重与体贴。而餐具是否弧度恰当则直接影响到透过洗碗机洗涤效果的好坏，对仓管人员及厨房工作人员来说，方便堆叠也是一个考虑，不妨在选择餐盘、汤杯或咖啡杯具时，试试看能否多个堆叠起来。很多日系及南洋料理的餐具常会有不易堆叠而浪费摆设空间的情况产生。

餐具选错了会造成顾客及工作人员的不便，也间接埋下了全面更换餐具的因素之一，形成了将来全面换购餐具造成预算必须提高无法逃避的事实。

综上所述，不难发现其实除了第一项所提的视觉效果之外，其他各项要素都与预算编列产生程度不一的影响关系。不论是餐厅的筹备或是营运后每年度编列预算补充餐具布品的合理数量，都必须审慎为之。在数量上首要确认的就是"安全库存量"的确定。每一个餐厅依据营业的型态、消费客层的设定、餐桌和座椅数，以及主厨在考量菜色与餐具的搭配时，是否也考虑到同一款餐具盛装其他餐点的相通性，都会影响安全库存量的设定必须拉高或降低。一般而言，餐具设定在座位数的两倍为基本的安全库存量；而布巾类因为损耗快，又通常外包给专业的洗衣工厂清洗浆烫，因而多出了两天往返的工作天数，而必须将布巾类的安全库存量拉高至五倍较为妥当。

有了这样的安全库存基础后，到了年底要补足年度损耗的餐具时，就能很快地拟定合理的采购数量，此种做法称之为"务实做法"，其公式如下：

年度预计采购数量 = 安全库存量 − 既有库存量

如果餐厅资金及库房空间充裕，或因为担心花色后续供货能力而提高了未来采购的难度时，也可以采用下面另一种计算方式，在此称它为“理想做法”。两者的不同点在于：“务实做法”为补足安全库存量后，随着营运正常损耗而持续降低既有库存量，换句话说，餐厅的既有数量一直都是处在安全库存量以下，到了年度采购时再补齐至安全库存数量。这样的方式等于餐厅的既有数量随时都低于安全库存量，徒增营运上的不便。但除了在遇到大型餐会时必须紧急采购或向同业调度商借之外，平常营运时倒还未必有大问题产生，对于餐饮事业近年高度竞争业绩难以维持以往的情况下，确实在资金调度或现实考量下，此种务实的采购方式被多数餐厅所采用。

而“理想做法”的公式则是让既有库存量随时高于安全库存量，在年度采购之前餐厅的库存数量都还能维持在安全库存量之上，属于较耗费资金及库存空间且保守的作法。其公式如下：

年度预计采购数量＝安全库存量－既有库存量＋年度预计耗损量

二、破损控管

餐具布巾等生财器具破损或报废是餐厅经营所必须面对的事实（见表1-4），然而如何有效地利用这些生财器具，在报废前提高最大的生产力，以及如何有效地控制损耗降低营运成本，就成了餐务部门主管的重要工作。当然，这也有赖全体工作人员的高度配合。

表1-4　各类器皿年限损耗

类别	损耗率/%	使用年限
陶瓷	25~35	3~5
玻璃	45~65	1~3
金属	3~8	5+
布巾	15~25	2~3

资料来源：阮仲仁（1991）。

有这样一个说法：就餐厅器皿餐具而言，合理的破损成本在营业额的0.1%~0.2%。换句话说，一家月营业额两百万一百个座席的中型餐厅，每月可容忍的餐具破损成本在新台币两千至四千元之间。但笔者认为这样的数字其实仍应参考几个因素，例如餐厅业种型态及设定目标客群就是订定破损率的参考要素之一。唯一可以确定的是，所有的业者都希望餐厅的破损率能够尽量降低，而这也有赖于餐厅主管的有效管理及全体工作人员的心态建立。就管理而言，要点如下。

（一）规划适当的工作动线

餐厅是个公共场所，顾客在用餐期间可能会因为上洗手间、接听电话或其他原因而在餐厅自由走动，但是对外场服务人员而言，仍必须乱中有序地依循公司内规来行进。尤其是当手上拿着餐盘、饮料或其他危险的物品（例如有酒精膏点火保温的菜肴）时，在行经人群时更应适时提醒旁人留意。而到了内场厨房区域，则应该明显规划动线，例如单行道的规划；如果厨房只有一个门提供进出，也应该清楚标示以推或拉的方式进出厨房，才不至于有碰撞情况产生。当然，在厨房门上安装一片玻璃供进出的人员预先看到对向是否有人进出，也能大幅降低意外碰撞造成破损的情况产生。

（二）规划适当的存放空间及工具

对于降低破损，规划适当的存放空间及存放工具是非常重要的。因为在洗涤区以及库房如果有破损产生通常都是整叠的数十个餐盘摔破，对于破损成本控制有绝对的影响。现在的餐具供应商多半有贩售专供大量堆叠餐盘的配盘车（见图1-1），餐厅可以依据自身的餐盘规格选购适合的配盘车来储存餐盘，做有效的堆叠并且方便正确盘点。若能附上车轮的贴心设计将更是方便安全的移动，减少破损的风险和不必要的人力浪费。此外，重物不要堆叠在过高的层架上、层架边缘规划有矮墙可避免餐具动辄摔落等，这些都是实用的作法。

（三）奖惩办法的制度建立

几乎没有员工会故意摔落餐盘造成公司成本的浪费是可以确定的事，但不可讳言的是，很多的破损多半是因为工作人员不够小心谨慎所导致。适度的奖惩制度可以有效降低破损率，例如透过长期的破损统计对发生频率过高的员工进行再教育，并斟酌在营业奖金或工作绩效奖金发放时适度进行减额；对于长期以来少有破损的员工自然也就必须予以奖赏，像是本季最佳员工奖、餐盘爱护达人奖，以实质的奖金搭配奖状激励员工。

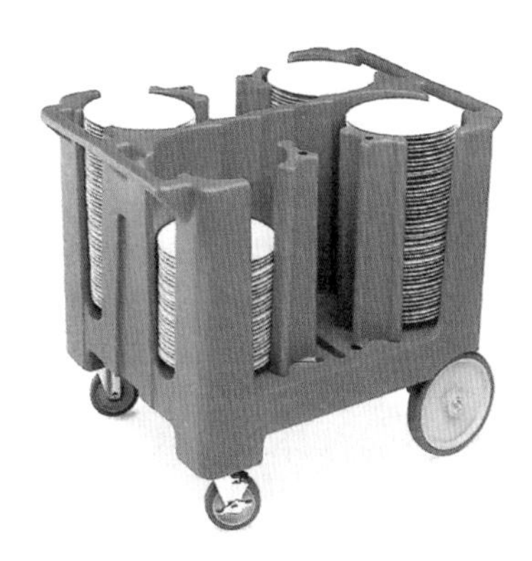

图1-1　配盘车

（四）员工的心态教育

心态教育的养成与奖惩办法的配套实施是可以同时并进的，员工对于公司的向心力、归属感，会直接影响到他对工作的尊重与严谨心态，培养员工用业主的心态来看事情，把公司当成自己的企业来面对工作，自然就会对他自身的工作内容更加谨慎。

笔者曾经看过有餐厅业者在洗涤区以及员工休息室，将破碎的餐具简单拼凑后，在旁边标示餐具的进价成本、一整年的累计破损金额、相等于实习生的工作时数才有的收入等，并将之裱框悬挂起来用以警惕大家，相当具有震撼力！

（五）消极的防范作为

除了上述各种正面积极的作为之外，亡羊补牢的工作也不能不做。很多饭店（尤其宴会厅）因为营运忙碌，工作人员不慎将餐具连同垃圾倒入垃圾桶的情况时有所闻。于是很多饭店都会在垃圾桶的桶口加挂大型强力磁铁，用以吸附不慎被丢入的铁制餐具，以减少损失。此外，也可以与洗衣工厂保持良好互动，他们也经常在送洗的口布、桌巾堆中，捡拾到很多小茶匙、甜点叉匙等餐具，并且如数送回餐厅来。

Chapter 第二章 02

中西餐具概述

第一节　概述

近几年来M型化社会趋势日益明显，造成许多餐饮服务业除了在餐点口味及菜单设计上更加用心琢磨之外，周边价值的创造也成了非常重要的课题。2004年出版市场上出现了一本非常出名的书籍，是由西尔费斯坦（Nilverstein M.）、菲斯克（Fiske,N.）、巴特曼（Butman, J.）合著的《奢华，正在流行》（Trading Up），书中主要阐述的一个观点就是现今服务业乃至于销售业及制造业都必须改正心态，让商品不再只是商品，必须创造其周边的附加价值，方能够以更高的售价来区隔高度竞争、过度供给的市场，进而创造自己的独特性。

以台湾地区新北市乌来区的温泉为例，附近温泉区所有的泡汤业者都是同样取自乌来地层下的温泉水，他们都来自相同的泉脉，拥有相同的水质，却因为不同的汤屋设计装潢、服务品质、品牌价值，而各自拥有不同的消费群体。也因此同样是泡汤但所付出的代价可能达到数十倍不等的价格。这说明了产品本身所能创造的价值及售价是非常有限的，唯有多创造一些精神层面的附加产品，例如服务、包装、视觉设计、主题氛围创造等，才能更具竞争力。

餐饮业也是相同的道理。餐厅在现今极度竞争的市场里，单纯的提供餐点以满足顾客的口腹之欲，早已无法永续经营下去。如果我们套用心理学家亚伯拉罕·哈罗德·马斯洛（Abraham Harold Maslo, 1908—1970）的理论，餐厅必须能够提高顾客满足的层次到“美与知识需求”阶段，甚至到了“自我实现”的阶段（见图2-1）。如果把这样的概念套用到餐饮业，则包括了餐厅（包含餐厅的洗手间及任何客人所能到达的公众区域）的装潢、主题氛围及餐具、桌巾、口布、烛台、胡椒盐罐等，以及任何来消费的客人所会听到、看到、接触与使用到的一切。

对餐厅业者而言，除了满足上述种种考量之外，尚必须审慎地替顾客多加考虑，例如实用性、耐用性、采购预算的可接受度等。实用性是为了工作人员操作服务上的方便，也兼顾客人享用餐点时的适用度；而耐用性和采购预算的可接受度，则关系着餐厅的营运成本（生财器具的采购成本、餐具损耗成本）。毕竟缺角的餐盘对服务人员、洗涤人员、顾客而言都是危险的，且容易滋生细菌，大大影响顾客对餐厅的印象。专家估计，餐厅业者每年对于餐具添购数量约需初期购买数量的20%，大型餐厅的估计值甚至高达80%。

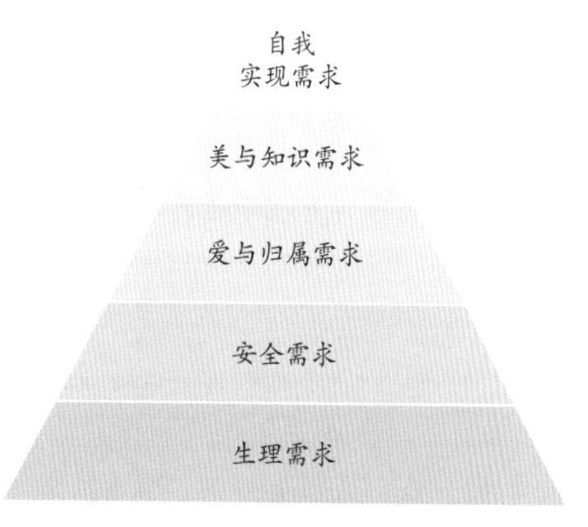

图2-1　马斯洛需求层次理论

本章将针对中西餐的各项常用餐具做图文的说明，让读者对于各项餐具的功能或尺寸规格有初步的了解；另外也会针对器皿的材质及保养进行概述性的说明，其中包括餐具的历史演进、器皿的种类与各类材质器皿的清洁保养维护。

第二节　餐具的历史演进

陶器是生活在世界各地的人类共同发明的。大约在一万年到八千年前的这两千年时间内，世界各地的人类几乎同时发明并且开始使用陶器。中国陶器出现在原始社会的新石器时代，也就是距今一万二千年至一万年的时候，进入农业社会以后，为了适应烹煮食物而逐步产生和发展起来。新石器时代陶器的出现，必然会在人类的生活中产生非常重大的意义。它使得人类的生活得到极大的改善，尤其需要提到的一点就是“人工取火法”的掌握，人类才有可能把黏土制成的器物放在火中烧制成为陶器。

所以我们说陶器的发明是人类社会进步的重要里程碑，由于黏土不怕火，经火烧后变得坚硬，启发了人们用黏土做成容器放在火上烤硬。从考古学家所掘出的出土物证明，最早的陶器制作是在编织或木制容器的内外包抹上一层黏土使之耐火。后来发现，黏土不一定非要里面的容器也一样能成型。江西省上饶市万年县仙人洞遗址发现了一万年以前的陶片，说明在公元前八千年之前的旧石器时代晚期，中国已经出现了陶器。陶器上遗留下来的手印较细小，证明当时是女子制陶。随着制陶技术的逐步成熟，修饰方法也逐渐提高，使陶器的器壁有可能更均匀、更薄，并且为了美观考量，陶器上出现了篮纹、席纹、绳纹等纹饰，也有用鹅卵石在陶器上打磨光滑或彩绘的。

就中国的历史演进而言，依据考古学家就出土的文物得知，其实早在商周时期就出现了烹饪史上的重要发现——青铜炊餐具。所谓青铜，就是铜和锡的合金，自然界的纯铜虽然可以制成炊具容器，但是质地过软并不实用。青铜炊具主要有鼎、鬲、镬、釜等，分述如下。

铜　鼎　是在陶鼎的基础上发展而成的，迄今所知的古代第一大铜鼎是殷墟出土的后母戊鼎，重达832.84千克。

铜　鬲　青铜鬲也是在陶器的基础上改以铜质为材料，形状是大口下方有三支矮短的中空锥形足。

铜　镬　无足的鼎。铜镬是重要的设计，成了日后锅具设计的启发。

铜　釜　口大且深，圆底，有或无耳，近似现代的锅具。

铜炒盘　煎烤食物的炊具，或可称之为炙炉。迹象显示最早的铜炒盘为战国时期的发明产物。

除上述之外，这一时期的食器还有以玉石、漆、象牙等材质制成的餐具，多为贵族所享用。以玉制作的餐具在原始社会后期已经出现；漆制餐具则主要在商代及战国时期被采用；象牙餐具则可追溯到新石器时期；至于筷子，早期以竹或木制成，较不易长时间保存，商代则已经出现铜箸、象牙箸。

第三节　餐具器皿的种类

餐具的分类可以依据其功能或材质来做简单的分类。

一、盘碟器皿

盘碟器皿（Flatware）泛指所有盛装餐点菜肴汤品的容器，材质包括陶器、瓷器、玻璃、密胺器皿等为大宗。有时我们也称此类器皿为“用餐器皿”（Dinnerware），或是把陶瓷类的餐盘器皿称之为“陶瓷器皿”（Chinaware）。

餐盘的结构并非只是一个平整的盘子，它仍有基本的设计结构，并且在外形上可以有多样的变化，例如圆形、椭圆、长方、正方、六角、八角等。在餐盘边缘上也可以是平整的、规则的，或不规则的锯齿状，称之为“贝壳边餐盘”（Scalloped Edges）；这种餐盘设计不仅具巧思，且不易产生裂痕，但不是所有餐厅都会采用，不属于大宗产品。餐盘的基本结构可分为盘界（Verge）、盘肩（Shoulder）、盘面底（Well）、盘边（Rim）、盘缘（Edge）及盘底柱（Foot）（见图2-2）。

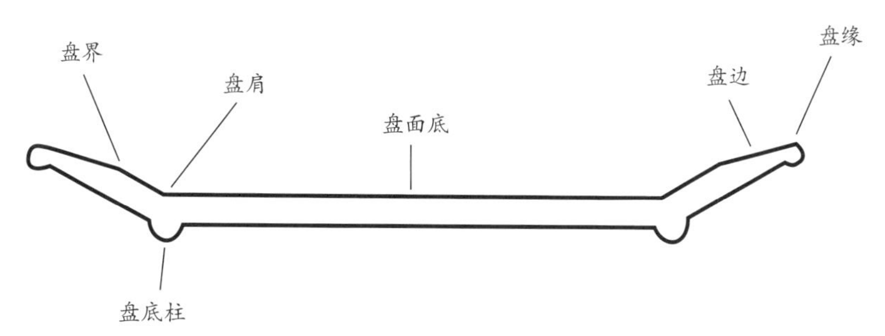

图2-2　餐盘的部位说明
资料来源：Irving J. Mills (1989).

陶瓷类餐具大约可分为陶类（Pottery）、陶瓷（Ceramic, China）和骨瓷（Bone China）。

（一）陶类

陶类是经由陶土原料混合之后加以塑形，再经过烧制即可制成。新北市莺歌区是台湾的陶器重镇，当地近年来已经发展成为陶瓷观光主题的城镇，每逢假日游客如织。许多商家除了贩卖各式陶瓷类餐具器皿及装饰品之外，也提供游客体验DIY手拉坯塑形，再由店家代为烧制后供游客带回，成为独一无二的陶器作品，相当富有趣味及纪念价值。

（二）陶瓷

选用陶瓷的主要原因如下。

①耐高温，与高温食物接触不易发生有毒物质释出的疑虑。

②油污不容易附着，方便洗涤。

③耐磨损，不易被刀叉刮花盘面，或因用力切割而造成裂缝。

④表面光滑洁白，洗涤员及服务员方便检视是否脏污。

⑤具时尚品位，对于餐厅氛围创造有加分效果。

⑥制作成本较低廉，适合商业使用。

⑦外形变化多样，对于少数强调品味的餐厅甚至可以订制，可符合业主的需求。

（三）骨瓷（或称英式瓷器）

骨瓷源于18世纪末，是英国人在制作类似中国瓷器的过程中加入了焙烧（Roasting）过的动物骨灰烧制而成，因此称之为骨瓷或英式瓷器（English china）。骨瓷标准高低不同，根据英国所设的骨瓷标准为含有30%来自动物骨骼中的磷酸三钙，成品需具有透光性；美国的设置标准则稍低，为25%；以著名品牌Royal Bone China为例，其骨粉比例甚至高达45%，烧制过程中相对的陶土比例也随之减少，成形的难度自然提高，也就需要更缜密的烧制技术，还因此被泰国皇室指定为御用餐具，并获得多项国际认证及奖项。

骨瓷的特性为强度高不易破损，看起来外形非常细致，但是因为品质缜密、结构完整且完全不吸收水分，强度约为一般瓷器的2.25倍，尤其是盘缘不易缺角破裂。

（四）密胺器皿

密胺器皿是一种高级耐热的塑胶制品。它的原料是三聚氰胺，多半是用来制造树脂等相关产品，用途相当广泛。在台湾地区，台肥公司于1979年引进境外的技术，并且生产开发出纯度高达99.8%的三聚氰胺，并将之制作成餐具器皿。密胺器皿同时具有瓷器的优美质感，并同时具有耐摔不易破且耐高温的特性。它可以承受120℃的高温与-20℃的低温且不易燃，但缺点是无法适用在微波炉及烤箱内。

市场上的密胺器皿分为两个等级，次级的价格仅约一般密胺器皿的一半，但是材质较薄，容易失去光泽，表面容易刮花，耐温度也较差（仅约80℃），不适合餐厅采购来作为商业用途。

二、玻璃器皿

依据历史的记载，最早关于玻璃的文献是在埃及被发现的，之后经由贸易通商关系传到古希腊罗马帝国，并逐渐在欧洲普及。玻璃器皿（Glassware）最大的好处是视觉上的美观，它清澈透明，具有高视觉穿透性的特色，赋予使用者干净明亮的好印象。也因为这样的特色，玻璃器皿通常被安排来盛装冰冷的食物或饮料，例如开胃菜、沙拉、冷饮或甜点。对于使用者而言，具有提升视觉享受及增进食欲的效果。当然，易破碎是它的缺点，使用时应格外小心。

（一）一般玻璃

玻璃的制作是利用硅砂、苏打以及石灰石一起放在高温的炉子（1200~1500℃）里混合熔化而成的。硅砂可说是玻璃的主要原料，至于加入苏打的用意在降低硅砂的熔点。不论是否加入苏打，做出的玻璃均会溶于水中，这也是为何需要再加入石灰石的原因。经由石灰石的加入让玻璃能够成为硬质。有了这样的概念之后，就不难察觉其实只要调整玻璃的成分就可以有不同的效果。

举例来说，市面上常见又厚又重的生啤酒杯，就是在制作过程中少了石灰石，取而代之的是使用气化铅，气化铅可以达到又重又厚的外观效果。

（二）水晶玻璃

水晶玻璃与一般玻璃的主要差异在于含铅量的多寡。通常水晶玻璃的含铅量在7%~24%，有趣的是，各国对于水晶玻璃的含铅量标准略有不同，例如欧盟是10%，捷克则高达24%。

最简单的辨别方式有以下两种。

折光率	含铅量越高的水晶玻璃杯，其折光率就越好，散发出来纯净晶莹程度会与一般玻璃的低折光率有很大的差异。
敲击声	对于爱用水晶杯品尝红酒的人来说，其中一个莫大的享受就是在交杯敬酒时，听着酒杯相互碰撞所发出那余音缭绕的声音，久久无法忘怀。反之，一般的玻璃杯相互碰撞只会发出沉闷短暂的、也没有回音的碰撞声。两者差异颇大！

三、刀叉匙等桌上餐具

很多人都认为用餐时的餐具，不论是中西餐在餐具的选择上，重量和材质最能彰显气派和奢华。在早期，较具重量的餐具甚至代表着社会地位的崇高。然而就西餐而言，一般人较不会有机会把餐盘端在手上，于是刀叉匙餐具的重量愈容易被用餐的客人注意到。沉甸甸的手感加上贵金属的感觉，让人用起餐来心情感觉特别好。

说起刀叉匙的典故，根据亨利·波卓斯基（Henry Petroski）在《利器》（*The Evolution of Useful Things*）（丁佩芝、陈月霞译，1997）中所言，古希腊罗马时代就有类似叉子的器物，但在文献中并没有记录曾应用到餐桌上。古希腊的厨师有一种厨具类似叉子，可以将肉从烧热的炉子取出，以免烫到手。海神的三叉戟及草叉也是类似的器物。最早的叉子只有两个尖齿，主要摆在厨房，方便在切主食时固定食物所用，其功用和先前的刀子相同，但可防止肉类食物卷曲滚动。

刀叉的演变互相影响，汤匙则独立于外。汤匙大概是最早的餐具，源自于以手取食时手掌所呈现的形状。用手取食毕竟不便，于是蛤、牡蛎及蚌壳的外壳便派上用场。甲壳盛水的功能比较好，也可使手保持干净和干燥，但舀汤时却容易弄湿手指头，因此便想到加上握柄。用木头刻汤匙可同时刻个握柄，英文汤匙的Spoon这个字原义即为木片。后来发明用铁模铸造汤匙，汤匙的形状可自由变化，以改进功能或增加美观，但是从14世纪到20世纪，不论是长圆形、长椭圆形或卵形，汤匙盛食物的凹处部分还是与甲壳的形状相去不远。17世纪晚期及18世纪早期欧洲的刀叉匙，大致决定了今日欧美餐具的形式。

刀叉匙通常是镀银或不锈钢材质所制成，因此也可以通称为“银质餐具”（Silverware）。不锈钢材质因为造价较便宜，而且耐用，外观明亮容易保养，一直深受餐饮业者的喜爱，而不锈钢制的刀叉整体的质感，对于客人来说也多半能够欣然接受。只是对于高级餐厅而言，不锈钢餐具可能就无法满足顶尖消费客层的心理需求，而改采镀银的餐具，毕竟这些镀银餐具摆在桌上搭配雅致的餐盘，再配上典雅高贵的烛台，确实能把用餐的好心情推到最高点。分析如下。

（一）不锈钢

不锈钢俗称白铁，拥有耐酸、耐热、耐蚀性，且具有明亮好清洁的特性。它其实拥有许多的种类系列，分别代表着不同的特性，大致可分为300系列及400系列。300系列属于镍系特性，成形性较佳，通常被使用在厨具、建材、制管、医疗器材及工业用途，其中又以304较具代表性。而400系列则因为材质较硬，通常被制成不锈钢刀器、餐具或机械零件。

不锈钢制造业在台湾是相当成熟的产业，早在20世纪80年代末期台湾生产出口的不锈钢餐具就已经超过全球的50%。除了技术成熟之外，产品良率高且具有设计质感都是主因。《商业周刊》第一〇二一期甚至专题报道台湾知名的不锈钢餐具制造业者，他们以800℃的高温将不锈钢软化后重新塑形。看似简单的动作其实是全世界第一家以锻铸方式生产餐具的工厂，就如厂长在接受记者访问时所说：“锻铸过程，就像古代制作宝剑一样，不像是生产餐具，更像是生产艺术品”（胡钊维，2007）。

（二）镀银

镀银的餐具往往只出现在高级的餐厅或是一些奢华的晚宴上。其制作的方式主要是以不锈钢或是合金（通常是镍、黄铜、铜或是锌）在高温的环境下烧熔之后的混合物，再利用电镀的方式将银附着到餐具的表面上。在电镀的过程中，银的多寡直接影响到电镀上去后的厚度，也直接牵动着餐具的成本。电镀过程如果控管不佳容易造成日后银质表面脱落，造成外观上的缺损而上不了餐桌。此外，随着经年累月的使用、洗涤、保养，自然的银质脱落是必然的，因此在寿命上较不如不锈钢餐具。餐饮业者千万不要采购了却舍不得使用而束之高阁，因为这样只会让银质餐具的外观更易氧化，唯有经常性地正常使用，并且定期保养才是上策。

四、其他金属类锅具

除了上述所提到的几种餐具的主要材质之外，在餐厅厨房还存在着多种不同金属所制成的各式锅具。不同的材质各自拥有自己的物理特性见表2-1、表2-2、图2-3。

表2-1 金属导热比较表　　单位：W/（m·℃）

	导热速度W/（m·℃）
铜	386
铝	204
铁	73

表2-2 锅具物理特性分析表

	硬度	热导率	抗氧化性	抗酸性
铝锅	★	★★★	★	★★
铜合金	★★★	★★★	★★	★★
不锈钢	★★	★	★★★	★★★
铸铁	★★	★★	★	★★★

*因合金实际的成分不同而有不同表现，上表仅作参考。

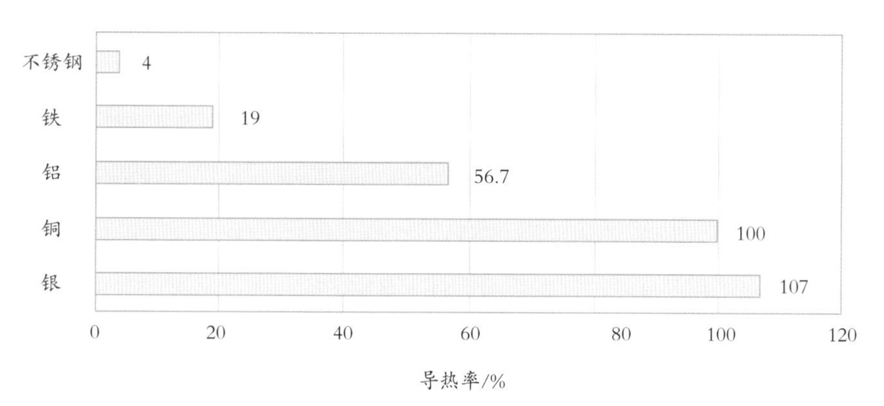

图2-3 常用金属导热率比较

（一）铁质

铁质的物理特性为导热均匀，常被制作为煎锅或炸锅，缺点是容易生锈，误食生锈锅具所烹调的食物容易引起恶心、呕吐，以及腹泻等不适症状。

（二）镀金、镀铜

镀金或镀铜不会产生上述的食物中毒问题，且有美观及耐用的优点，具耐腐蚀性。但是，价格自然昂贵许多，通常出现在高级餐厅饭店的自助餐台上，以及一些较奢华隆重的宴会或是设有开放式厨房的高级餐厅。

铜为人体中不可或缺的元素之一，铜锅除了具有良好的物理性，例如导热快、保温佳之外，微量的铜元素也有杀死大肠杆菌的作用。

（三）铝

铝的来源是来自于黏土从电熔炉中所提炼出来，用来制造锅具，其优点是导热快、重量轻、价格便宜。铝的金属质地较软，碰撞容易变形是它常见的缺点。此外，常有听闻铝锅容易有毒，认为经过多次使用后的铝锅，因频繁接触高温与食物中的酸、碱、盐产生变化，容易造成金属溶解，释放出毒素，造成食用者神经系统方面的伤害。

（四）铝合金

利用铝合金材质的目的是为了克服上述铝制锅具的问题，近年来铝合金的接受度逐渐提高。它同样保有重量轻、导热快的优点，表面经过阳极处理后又让美观性大大提升，同时在耐热度上也有不错的表现，约在427℃。

第四节　中西式餐具与外场餐具的图文说明

餐具在餐厅里所扮演的角色除了是客人最基本的用餐工具之外，对于提升整体餐厅形象、质感，餐具有着画龙点睛的作用，甚至可以当作是装饰艺术的一部分。而现今的餐具在设计开发之时，也确实有越来越时尚的感觉，除了造型前卫、线条简单之外，用色大胆也是一个趋势，让除了传统典型的白色餐具之外，多出了大胆的全黑色以及多彩的时尚风格。

在使用上，中式的餐具多半为国人所熟悉使用，而西式的刀叉餐具摆设方式和用法，直至今日仍然常在餐厅里看到用餐客人对于西餐礼仪或餐具用法不是那么熟悉的画面，其中最常见的情况莫过于错拿身旁用餐客人的餐具，从业人员对于基本的西餐礼仪实不可不知。另外尚针对外场工作人员在进行餐饮服务时，常用到的辅助用品器具也做了部分的说明，见表2-3。

一、西式餐具

西式餐具的名称、规格及说明见表2-3。

表2-3　西式餐具

商品	名称	规格	说明
	大同新梦瓷纯咖啡杯	∮8.5cm×H5.3cm/170mL	多用于单品咖啡，例如美式咖啡或采用虹吸式咖啡壶所煮出的各式品种咖啡，如曼特宁、巴西或蓝山等
	大同新梦瓷纯咖啡杯盘	∮14.2cm	
	日制SW红茶滤茶器	L160mm	不锈钢制滤孔小，适用于英式茶品冲泡时滤茶用，使细小茶渣不致掉进茶中
	大同新梦瓷圆盘	∮15cm×H1.8cm	通用型西式圆盘有各种尺寸供选择，用于开胃菜、沙拉、主菜或甜点皆可。各式不同功用的餐盘主要是由尺寸来做区分，以主菜盘为例，通常为9~11寸。依照各家品牌及系列的不同而有不同颜色或花纹，甚至盘缘有镶金边等各类造型。因为主菜多为热食，餐盘选购时应考虑耐热度及保温性。前菜盘则多半采用9寸左右的盘径，但仍有餐厅习惯以较大尺寸的餐盘作为前菜盘，除为视觉效果之外，也可和其他主菜盘共用，避免过度采购。而餐前的面包盘则多半6~7寸盘径
	大同新梦瓷圆盘	∮18cm×H1.8cm	
	大同新梦瓷圆盘	∮20.5cm×H2.5cm	
	大同新梦瓷圆盘	∮30.5cm×H3.7cm	
	CAL佐料盅	300mL	可用于盛装各种酱料，让用餐者自行斟酌使用，如咖喱酱、沙拉酱或各式牛排酱
	蛋架/双向/镀银	W5cm×H5.8cm	可将水煮蛋或生蛋立于蛋架内，通常用于西式早餐或火锅店让使用者放生蛋用
	UK柠檬挤压器	6.5cm×8.5cm×H1.5cm	不锈钢制，让使用者自行将柠檬角置入，压挤使 果汁滴入餐点或饮料中，柠檬角以不超过1/6为原则

续表

商品	名称	规格	说明
	大同新梦瓷糖包盒	L9.2×H5cm	糖包罐。放在餐桌上，供使用者自行取用糖包
	大同新梦瓷奶壶	L8.3×H8.7cm / 200mL	奶壶可置入牛奶或鲜奶油放在餐桌上，供使用者自行斟酌使用
	椭圆形烤盘（白）（米）8oz	19cm×11cm	多种尺寸颜色，为陶质制，多用于焗烤类餐点或甜品焦糖布丁，可放入烤箱内或直火喷烤
	椭圆形烤盅 / 白、绿、黄、咖	14cm×23.5cm×H4.5cm	
	NLP5牛排刀(SH)	23.8cm（右一）	西式用餐个人刀具，依尺寸造型各有不同用途。摆放于餐桌上，放在使用者的右手边。最先使用的刀具摆最右侧，依序往左拿取使用
	NLPA餐刀 / 实心	24.3cm（右二）	
	NLP5点心刀(SH)	20.7cm（右三）	
	NLPA鱼刀	18.9cm（右四）	
	NLP5大餐叉	20.3cm（右一）	西式用餐个人叉具，依尺寸造型各有不同用途。摆放于餐桌上，放在使用者的左手边。最先使用的叉具摆在最左侧，依序往右拿取使用
	NLPA点心叉	17.3cm（右二）	
	NLPA鱼叉	17.5cm（右三）	
	NLPA蛋糕叉	14.2cm（右四）	
	日制MT / WLT田螺叉18-8	L140mm	
	TRI5冰茶匙	L177mm	用于冰红茶或冰咖啡等较高型的杯具冷饮搅拌用，并非利用匙具喝茶，需搭配吸管使用
	日制SW糖盅 / Mark II	280mL（5人用）	不锈钢制糖罐，用以存放散装的白砂糖或红糖，摆放于餐桌上由使用者自行斟酌使用
	藤制角篮	16cm×13.5cm×6cm	多用途，如置放餐巾纸或餐前小面包等。不宜过度水洗，应定期曝晒避免发霉

续表

商品	名称	规格	说明
	莱利欧870浓缩咖啡杯（白）	∮65cm×H5.3cm/100mL	意式浓缩咖啡杯，只用于Espresso意式浓缩咖啡。不需搭配糖、奶精及茶匙
	莱利欧870浓缩咖啡杯底碟（白）	∮11.8cm	意式浓缩咖啡盘，专用于垫在意式咖啡杯下
	莱利欧870牙签罐	∮5cm×H4.9cm	用于立放单支包装的牙签，置放于餐桌或柜台上供客人自行取用
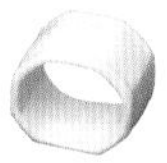	大同新梦瓷口布环	3.5cm×5cm	口布环材质及款式多样，可套入造型过的口布避免松脱
	藤制餐巾圈/方	5.2cm×5.2cm×H4cm	
	莱利欧870盐罐	H6.1cm	供使用者斟酌使用，通常为二孔
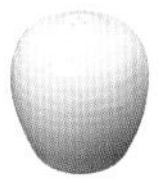	莱利欧870胡椒罐/3孔	H6.1cm	供使用者斟酌使用，通常为三孔
	双耳巧克力炉（含叉子4支）	∮12cm	瑞士锅。可煮巧克力或芝士，下方搭配蜡烛座可供保温用，避免芝士或巧克力冷却硬化
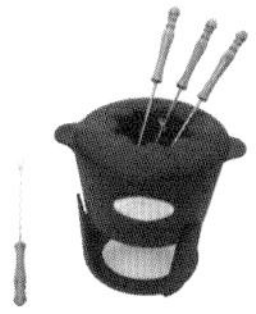	巧克力火锅（小，附6支叉）	∮15.5cm	
	大同新梦瓷小奶盅	L7cm/50mL	个人式小奶盅，于客人使用咖啡、茶时搭配使用。另外也可用于装枫糖、蜂蜜或炼乳，搭配松饼使用
	无国度长方蛋糕盘/小	295mm×130mm×H15mm	可用于摆设甜点百汇，供多位使用者共享

续表

商品	名称	规格	说明
	玻璃暖茶座／一屋窑	D12.8cm×H7.5cm	烛火保温式茶壶组，适用于咖啡简餐店用以提供花草茶或果茶
	小巧壶（蓝、红）	405mL	
	玻璃橘茶壶（耐热壶）	800mL	
	保温真空咖啡壶	2.0L	可用于盛装各式饮料保温，如咖啡或热茶，或咖啡店早餐时段用于保温鲜奶供客人自行取用，搭配咖啡或茶饮
	M／玻璃／船形盘／中	W450mm×D167mm×H42mm	可用于摆放水果或冷食的造型餐盘
	M／玻璃／长方盘+3小碟／组	W315mm×D160mm×H16mm	可用于摆放开胃小菜组合
	无国度二格盘／小	×H42mm	
	无国度三格盘／中	284mm×94mm×H24mm	
	自压式胡椒研磨器／银	30mm×H150mm	可内置黑胡椒粒或海盐，供使用者自行斟酌使用，因属现磨使用，风味保存效果较好
	S/S欧式暖炉座／小	11.5cm×H6.5cm	可用于保温热饮，如美式咖啡
	S/S直立式茶壶（附网）	600mL	

续表

商品	名称	规格	说明
	大同新梦瓷半月盘	29cm×16cm×H4cm	造型餐盘，可装各式餐点
	NLPA大圆匙	17.2cm（右一）	西式用餐个人匙具，依尺寸造型各有不同用途
	NLPA点心圆匙	16.5cm（右二）	
	NLPA点心匙	17.3cm（中）	
	NLPA美式茶匙	15.2cm（左二）	
	NLPA咖啡匙	10.1cm（左一）	

二、中式餐具

中式餐具的名称、规格及说明见表2-4。

表2-4　中式餐具

商品	名称	规格	说明
	大同新梦瓷腰盘/有边	L31cm×W22.5cm×H3cm	属于典型的中式椭圆形餐盘，造形设计简单实用且具有多种尺寸，餐盘的深度浅，仅适用于汤汁不多的菜肴
	大同新梦瓷腰盘/有边	L28.5cm×W20.5cm×H3cm	
	大同新梦瓷腰盘/有边	L20.5cm×W15cm×H2cm	
	大同新梦瓷腰盘/有边	L23cm×W16.5cm×H2.5cm	
	大同新梦瓷腰盘/有边	L25.5cm×H3cm	
	大同新梦瓷反口饭碗	φ10.3cm×H5.6cm	碗口边缘收尾处略为外翻，适用喝汤品或盛饭食用
	大同新梦瓷港式饭碗	φ11cm×H5.3cm/230mL	功能相同，但港式造型碗口不外翻，体型较一般中式饭碗稍大

续表

商品	名称	规格	说明
	大同新梦瓷水盘	∮ 17.5cm × H5cm	多用于中式的羹汤类菜肴，如发菜羹或有多汤汁的炖肉类餐点
	大同新梦瓷筷匙架	L9.3cm × W8cm × H1.8cm	中式餐厅常见摆于餐桌上，筷匙架可同时提供筷匙摆放用
	大同新梦瓷汤匙	L13cm × W4.5cm	
	圆柄鱼翅锅，附盖（黄黑）6号	18cm × 4.5cm / 350mL	鱼翅锅具，单锅柄方便拿取，为陶质餐具，有良好的保温及聚热效果
	大同新梦瓷小汤碗	∮ 10cm × H5.2cm	与饭碗造型类似，但汤碗尺寸略小
	大同新梦瓷小菜碟	∮ 12.1cm × H2.2cm	中式餐厅多用于盛装小菜供餐前用，或可用于当作骨盘
	大同新梦瓷如意盅（身）	∮ 13.5cm / 500mL	中式汤品容器可用于炖汤品，有多种尺寸可选用，并有附盖可以搭配使用
	大同新梦瓷如意盅（盖）	∮ 14.7cm	
	大同新梦瓷富贵盅（身）	∮ 17.5cm × 9cm / 1100mL	
	大同新梦瓷富贵盅（盖）	∮ 19cm	
	大同新梦瓷大盖碗（身）	∮ 25cm / 1700mL	
	大同新梦瓷大盖碗（盖）	∮ 25cm × H12cm / 1700mL	
	铜制木炭火锅（含盖、烟囱）/ 大	30cm × H46cm / 6-8人份	传统火锅，常用于北方的酸菜白肉锅，造型俭朴怀旧，采用木炭为燃烧原料，应用于空气流通处以免发生危险
	大同新梦瓷大汤匙	L23.5cm × W8.4cm	大汤匙属于母匙，适合多人共用，并附有匙座碗
	大同新梦瓷公匙座	∮ 10cm × H5cm	

续表

商品	名称	规格	说明
	大同新梦瓷圆浅汤盘	φ32cm×H4cm	中式通用浅盘，也可和太极深盘搭配使用垫于下方
	无国度太极深盘/小	26cm×13cm×H4.1cm/底盘10寸	造型特别，广泛适用于中式桌菜的双拼菜色，例如烧腊两种肉品或是其他如乌鱼子、海蜇皮等
	大同白瓷三件（茶碗身）		中式茶杯组，使用时搭配杯盖除可保温外，饮用时可利用杯盖拨除茶叶
	大同新梦瓷佛跳墙（身/吉橘）罐	12.6cm×16cm/红龙/竹花/松	中式汤盅，多用于炖煮汤品，如佛跳墙、人参鸡等
	大同新梦瓷卜罐	φ15cm×H12cm/1300mL	
	大同新梦瓷醋瓶/圆	H10.2cm/110mL	调味瓶组（酱油及醋），并附有牙签罐及底盘
	大同新梦瓷牙签罐	φ4cm×H5.3cm	
	大同新梦瓷酱油瓶/扁	H10.5cm/120mL	
	大同新梦瓷调味瓶组底盘	P0165S	
	无国度长形腰盘	355cm×140cm×H30mm	长形腰盘，中餐用
	S/S蟹夹		蟹壳夹有木柄或全支不锈钢制品，可用于夹破虾蟹壳，方便取肉
	港制木柄蟹钳	L17.5cm	
	EBM18-8涮涮锅燃气用	30cm/D300×200	不锈钢制，可直火烧煮，适用于燃气炉或电磁炉
	日制网勺	W7cm×17.5cm（右一）	属于火锅个人餐具，日制网勺网孔密也可捞肉汤渣
	S/S火锅网（网型）	小（中）	
	S/S蚵网/黑柄（小）	6cm×L27cm（左一）	

续表

商品	名称	规格	说明
	双耳鸳鸯锅（铜双耳）订制品	W26cm / S型	锅身直径26~32厘米，可订制
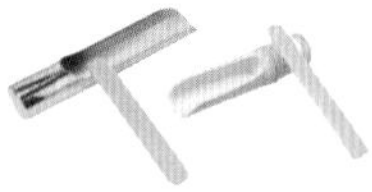	竹制鱼浆盅附竹片	15cm	用于盛装手工鱼浆，竹片则用于将鱼浆拨入火锅中
	S/S鱼浆盅	中	
	日制迷你燃气炉	2.1kW / 1800kcal / h	可用于登山野营或室内烹煮用
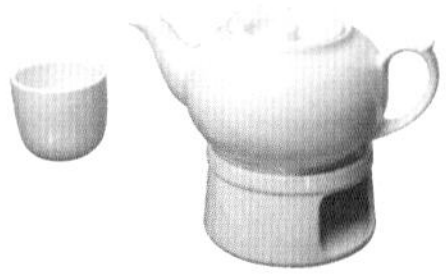	大同新梦瓷暖壶座	11.7cm × 6.5cm	烛火保温式茶壶组（含暖壶座、茶壶及茶杯）
	大同新梦瓷港式大茶壶	φ 8.5cm × H8.7cm / 700mL	
	大同新梦瓷港式茶杯	W6.7cm × H6cm / 厚	

三、外场餐具

外场餐具名称、规格及说明见表2-5。

表2-5　外场餐具

商品	名称	规格	说明
	托盘 / 美制止滑长方托盘	14寸 × 18寸 (457mm × 355mm)	为外场服务人员于整理顾客桌面时使用，通常搭配活动可折式托盘架使用。良好的托盘在盘面及底部都有止滑的设计，避免意外发生。材质本身也必须有良好的耐热度和耐洗度。每天可以接受多次进入洗碗机洗涤而不受损，摔落也不会有破损或缺角的情况产生
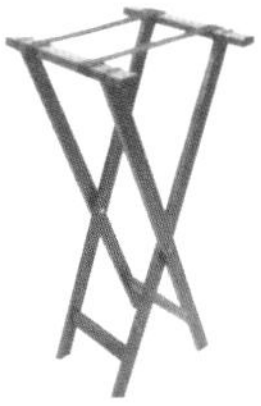	木置托盘架	78.7cm	
	美制刀叉盒（咖啡）	单格	可用来分类收纳刀叉餐具，放置于工作台上，方便工作人员取用

续表

商品	名称	规格	说明
	美制玻璃芝士罐	H15cm / 355mL	通常提供给客人自行斟酌使用，可搭配于比萨或意大利面
	进口保温咖啡壶（亮面）	1000mL	造型美观，可由服务人员带至桌边为用餐客人倒咖啡
	木制旋转调味罐	12寸	内部放入黑胡椒粒，可由服务人员或客人自行使用，因属现磨使用，对于风味保存的效果佳
	多用途香槟开瓶器 / 黑色	L11cm	为典型的外场服务人员开酒及香槟或一般瓶盖的工具，是外场服务人员随身必备工具。近来虽有多种更省力或有效率的开酒器不断被开发出来，但是多半需要两手同时操作，对于以一手持瓶，仅用另一手来完成开瓶动作的服务员来说较不适合。因此这种最简单传统的开酒器能一直历久不衰不被淘汰
	日制SW服务夹（大）	L230mm	由服务人员代为分菜或可用于夹取热毛巾或湿巾，通常为不锈钢材质并且做过表面抗菌处理
	日制SW匙叉盘 / B边（小）	185mm × 110mm × H25mm	
	日制SW玻璃醋油瓶	H160mm	一组两瓶，通常装入红酒醋及橄榄油，搭配生菜沙拉或餐前的意式香料面包使用
	日制SW冷水壶连座型（附冰隔）	1600mL	服务人员为客人倒冰水或其他饮料用，壶嘴后方附有隔冰板，可以避免过大的冰块掉落杯中

续表

商品	名称	规格	说明
	酒瓶架	250mm×220mm×85mm	可放置酒瓶作陈列摆设或是客人开酒后放置于桌上，倾斜的摆放角度有助加大酒与空气接触的面积以帮助醒酒。平常未开瓶时作摆放，倾斜的角度也有助于内部酒液能够浸润软木塞，避免木塞干裂造成空气进入瓶中破坏酒质
	玻璃纤维咖啡壶	64盎司（1oz=0.648g）	用于保温咖啡、茶饮，可于自助餐厅由客人取用或餐厅工作站内由工作人员使用
	美制咖啡保温器	110V / 18cm×26cm×H6cm	
	葡萄酒开瓶器		开葡萄酒用器具，使用时先旋转上方圆孔使下方钻子能钻入软木塞，同时两边把柄会随之上扬。再以两手将两边把柄下压，软木塞即会同时被拉出。此款开酒器效率高但需两手操作，较适用于吧台内部使用
	玻璃制3孔烟灰缸	4 1/4"	一般香烟用烟灰缸，不适用于雪茄
	日制SW圆托盘(B)	12"	外场服务人员上菜或整理桌面用托盘，通常盘面及底部具有防滑效果，避免餐具或杯具容易打翻
	托盘 / 美制止滑托盘	14" / 双面 / 圆（黑、咖啡色）	
	日制SHIMBI酒瓶挂牌 / 红	44mm×59mm	酒瓶挂牌可用于标写售价或寄酒存放填写相关资讯。选购时可考虑材质及设计，有些可具有重复使用性
	饮料 / 冰水两用壶	55oz	服务人员为客人倒饮水用，但无法过滤冰块
		67oz	

续表

商品	名称	规格	说明
	造型蜡烛杯	H14"	为一个中空的造型玻璃管，可用于罩住烛台蜡烛，有助餐厅气氛营造
	饮料保温桶	5~15升多种选择	某些餐厅外场工作站内因碍于空间限制无法设置冷藏或保温设备时，可以采用饮料保温桶来提供热茶或冰饮给客人。时下很多公司办理会议时也会将会议的茶点外包给咖啡店或速食店。这种保温性佳的饮料桶也是业者常用到的容器之一

第五节　其他料理餐具及自助餐器皿的图文说明

本节介绍一般五星级饭店所附设之中西合并式自助餐厅里常见的器皿。除了一般冷食较简单的餐盘之外，热食部分则多半搭配保温设备，例如酒精灯隔水加热保温，或是采用高热能的灯具作保温。此外，还会简单介绍一些饮料及其他食物的容器。

至于其他料理的餐具，除了大家比较熟悉的日式餐具外，也针对近来颇受欢迎的韩式及南洋料理的餐具做简单介绍。南洋料理的餐具多半造型较为复杂，盘缘多为锯齿状且具有蓝白相间的花色，但是因为收放洗涤容易破损缺角，台湾地区的南洋料理餐厅已经少见采用南洋传统的餐具，而改用一般台式的白色餐盘作替代，甚为可惜！

自助餐器皿、餐具的名称、规格及说明见表2-6。

表2-6　自助餐器皿、餐具

商品	名称	规格	说明
	石头碗用木底盘	18cm石头碗用	用于韩国料理石锅拌饭，藉由高温烤热的石碗将米饭煮得稍有硬度且具焦香感，石锅本身同时具有良好的保温性。底盘则搭配使，通常为木质且可耐受石锅的热度
	石头碗+石头盖+底盘	15cm（石锅内径13cm）	

续表

商品	名称	规格	说明
	S/S鱼盘酒精炉底座	12"	通用于中式或泰式的蒸鱼料理，可搭配底座附酒精膏加热保温
	黄金鱼盘	12"	
	日制磨缸 / 织部3.2号	10cm × H4cm	日式料理供客人自行研磨芝麻后倒入芝麻酱。近年新竹、苗栗一带的台湾客家村落，也开设许多有提供擂茶的休憩场所、农场或餐厅，也多有利用此磨缸来让游客DIY体验擂茶的乐趣
	研磨木棒	12cm	
	泰式锡饭锅	20cm	南洋料理餐厅通常以桌为单位，会主动提供一个装满白饭的泰式锡饭锅于餐桌上，让客人自行添饭
	泰式锡饭瓢		
	泰式锡冷水壶	13cm	南洋料理餐厅常见服务人员用来为客人倒水
	泰式锡杯	小	南洋料理餐厅客用水杯
	各式造型泰式餐盘（碗）		泰式餐具多为蓝白花纹，边缘为锯齿状，有各式造型，如圆、长方、正方或多角形。图中长盘多用来盛放无汤汁的菜肴，例如泰国料理中的香兰叶鸡、月亮虾饼等，一般热炒类的菜肴则习惯搭配圆盘，而汤碗类型的餐具则用来装汤类（例如酸辣海鲜汤）或汤汁较多的菜肴（例如咖喱口味菜肴）

续表

商品	名称	规格	说明
	各式造型泰式餐盘（碗）		泰式餐具多为蓝白花纹，边缘为锯齿状，有各式造型，如圆、长方、正方或多角形。图中长盘多用来盛放无汤汁的菜肴，例如泰国料理中的香兰叶鸡、月亮虾饼等，一般热炒类的菜肴则习惯搭配圆盘，而汤碗类型的餐具则用来装汤类（例如酸辣海鲜汤）或汤汁较多的菜肴（例如咖喱口味菜肴）
	日制便当盒（贝壳花）	27cm×22cm×6cm	日式定食便当专用餐盒，材质通常为密胺器皿所制成，外形则多有仿漆器的效果
	天然贝壳	15~17cm	通常用来盛装生冷食物或开胃小菜
	木制寿司盛台（低）	27cm×18cm×H2.8cm	日式餐厅用来盛装握寿司的木质盘具，外形有点类似一般木质砧板
	日制炉子（6号）	18cm×18cm×H12cm	用于小型的烧肉料理
	日制炉网（中）	15cm×15cm	
	日制三岛陶板锅（8号）		用于日式料理，陶板具良好的保温作用
	REVOL/MIN双耳圆碟（黄）	7cm	各种造型小碟，为个人用的佐料酱碟
	M/PIC佐料碟/茄状	W105mm×D77mm×H18mm	
	M/PIC佐料碟/贝状	W115mm×D67mm×H18mm	
	M/PIC佐料碟/两格	W111mm×D85mm×H28mm	
	无国度色釉绿/叶形盘/特小	130mm×80mm×H30mm	

续表

商品	名称	规格	说明
	纸火锅铁丝网架	16cm × H4cm	日式纸火锅，用来协助支撑纸锅的铁网
	美耐皿（红黑）手卷座 / 3孔	3孔（红黑、绿黑双色）	用来立放日式手卷，通常最少的是两孔，多则有7孔
	日制鳗盒（金色内红）	13cm × 16cm	鳗鱼饭用餐盒
	竹制柑篓	内径19.5cm	用来盛装日式凉面
	竹制凉面竹片（方形）	17.5cm × 17.5cm	
	竹制寿司卷	27cm × 27cm	日本料理师傅用来卷寿司卷的工具，先将海苔平放在寿司竹卷上，再放上寿司饭及配料卷成寿司
	托盘 / 方形日式漆器 / 黑底红边	L240mm × W240mm × H17mm	日式托盘用途颇为广泛，不论是端茶或是上菜都可以利用。与西式托盘最大的不同在于服务的方式，日式托盘多用两手端取放置在客人桌上后，再逐一将托盘内的餐点取出放在客人桌上
	漆器长方托盘 / 红、绿色	17cm × 30cm	
	木制毛巾盘（黑兰）	18cm × 6cm	用来置放热毛巾给客人使用
	漆器毛巾盘（PP树脂硅胶）	18cm × 5.5cm	
	漆器毛巾盘	15cm × 5.5cm	
	原木碗（内红色）	11cm	日式饭碗

续表

商品	名称	规格	说明
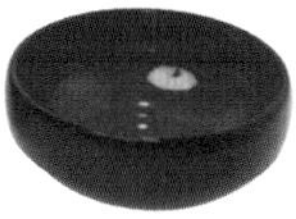	日制圆钵	4寸 / 12cm	日式饭碗，或可用于盛装小菜
	耐热砂锅 / 盖（大同窑5号）		可用以盛装陶锅饭或其他菜式
	耐热砂锅 / 身（大同窑5号）		
	密胺皿（红黑）吸物碗 / 身	10cm×6.8cm	个人用汤碗
	密胺皿（红黑）吸物碗 / 盖	9.2cm×3cm	
	M/Amb佐料盘（黑）	W165mm×D88mm×H21mm	用于日系怀石料理盛装小菜
	M/Amb长叶盘 / 小（黑）	W290mm×D34mm×H10mm	
	M/Amb船形盘 / 小（黑）	W292mm×D60mm×H42mm	
	M/Amb组合式长方盘（白）	W189mm×D67mm×H20mm	
	M/Amb叶型盘 / 大（黑）	W265mm×125mm×H15mm	
	陶制 / 云海天目8"日式三格盘	8"/19.5cm×8cm×H2.5cm	
	柳叶型长盘		
	M/Amb深型碗 / 小（黑）	§ 140mm×H70mm	日式碗
	美耐皿拉面碗（红、黑）	11.25"	日式拉面用
	无国度色釉黑 / 流线饭碗	125mm×H50mm	日式造型饭碗
	陶制 / 云海天目3"汤吞杯	3" / D7.7cm×H8cm	日本一般茶杯，用法较不如天目杯来得拘谨，兼具闻香的效果

续表

商品	名称	规格	说明
	陶制 / 云海天目茶杯	W6.5cm × H6cm	天目茶碗起源于中国宋代，又称“藏色天目”。内敛的色彩在自然的光线下，愈显得耀动，其立体多层次的变化，有如宇宙天象的自然色彩，是日式正统茶道的杯具
	保温炉座 / 木底座	∮ 15cm × H8.5cm	日式汤品保温组，也可以用来盛装关东煮或小份的汤品
	田舍锅 / 铝制 / 黑	18cm	
	M/Amb正方形波浪盘（黑）/ 小	19cm × 19cm × H2.6cm	日系怀石料理餐盘，盘子上有水波纹路，较具设计感
	M / 玻璃 / 长方盘+3小碟 / 组	W315mm × D160mm × H16mm	可用来放日式小菜
	亚克力寿司桶 / 松树花	7" / ∮ 210mm × H56mm	盛装综合寿司专用
	釜锅铁板炉组	40cm × 20cm	用于盛装日式乌龙面，附有保温炉搭配酒精膏使用
	乌龙面锅酒精炉座（灶型 / 烧杉）	13cm × H5cm（铝）	
	RPP / 日式青瓷 / 清酒瓶	250mL	盛装日式清酒专用
	RPP / 日式青瓷 / 清酒杯	50mL	清酒杯
	木盖碗组（盖+碗+座）	D10.5cm × H8cm（黑 / 绿 / 浅绿色）	日式碗组附盖
	四方盘 / 红、黑、黄、绿	28cm × 28cm × H5cm	日式餐盘

续表

商品	名称	规格	说明
	漆器海产船（豪华宴舟）	60cm×22.5cm	可用来盛装大分量生鱼片或其他生冷菜色
	土瓶蒸壶杯组		土瓶蒸是一日式汤品的名称，必须以茶壶盛装，汤料有鸡肉、菇类、虾等。饮用时倒入杯中再以杯子喝汤，汤料则可直接从壶内夹取。使用前杯子可直接倒盖于壶盖上
	寿司米桶	§ 26cm×H18cm	具良好的保温效果，能吸收多余的水气，让米粒香甜有弹性
	Hyperlux保温锅／附瓷内锅／附脚	玻璃盖／34cm (2.8L)／SS脚	多用于自助餐厅，盛装汤品附保温底座。内锅放汤，外锅放水，下方并以酒精灯作为热源，隔水加热保温
	意制PDN秀盘组（3件式）	D55×H30cm	盛装面包、马芬、手工饼干等多用途展示盘，附透明罩
	泰制NIKKO蛋糕盘架组／3层	盘宽尺寸 19cm／21cm／25cm	典型英式下午茶用。由下至上放置三明治、英式司康饼及蛋糕水果塔
	意制PDN瓷盘附铁架／椭圆	L44cm×W26.5cm	自助餐厅用以盛装菜式的大椭圆盘
	Hyperlux椭圆盘	20"／51cm×37cm	

续表

商品	名称	规格	说明
	Zevro麦片桶/黑、白	单桶（麦片桶容量1700mL）/H41cm	麦片桶，多用于饭店之自助式早餐，盛装麦片或玉米片让客人自行取用，搭配鲜奶、水果等
	Hyperlux牛奶分配器	5L/SS水龙头、SS脚	多用于自助早餐盛装冷鲜奶、豆浆或果汁用
	意制PDN木制展示柜	63cm×41cm×H23cm	多用于自助餐厅置放面包或干酪
	日制SW长方盘(B)	16"	多用于自助餐厅置放冷食、小点心或水果
	UK长方托盘(B)	14"	
	M/Gra角型深碗/大	350mm×340mm×H175mm	多用于自助餐厅盛装冷食或生菜沙拉
	M/BOLO骨瓷斜口碗/加大	D190mm×H160mm	
	M/BOLO骨瓷斜口碗/大	D160mm×H140mm	
	美制沙拉桶	2.7QT/165mm×170mm	多用以存放沙拉酱让客人自行选用
	美制塑胶沙拉夹（米色、黑）	9"	多用于夹取生菜沙拉或其他冷食
	美制塑胶沙拉勺/透明、黑、米色	10"	用于舀取沙拉酱
	美制塑胶捞面勺	9"（米白、红）	用于舀取意大利面条用

续表

商品	名称	规格	说明
	REVOL/PRO橄榄油瓶（大）/白彩	9cm×H30cm / 750mL	盛装橄榄油，让客人自行搭配沙拉或意式香料面包
	REVOL/PRO橄榄油瓶（大）/黄彩	9cm×H30cm / 750mL	
	圆形玻璃色玻璃钵	300mm	多用于盛装生菜沙拉，也可以当作鸡尾酒缸用
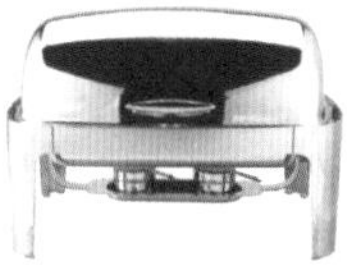	长方形保温锅	74cm×46cm×H41cm / 9L	多用于自助餐厅盛装各类热食。容器为两层，外锅装热水内锅则为食物容器。下方需再搭配酒精膏，以提高隔水加热时的保温效能
	圆形保温锅	51.5cm×51.5cm×H48.5cm / 9L	
	牛排保温灯	250W / 220V	多用于自助餐厅烘烤牛肉保温用
	保温汤锅	10L	以插电为热能来源，多用于自助餐厅汤品保温用，或一般餐厅厨房预煮好当日例汤保温用
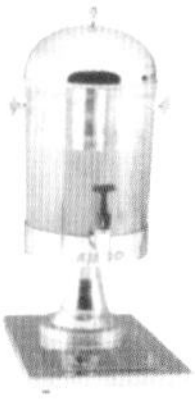	不锈钢果汁分配器（单槽）	W27cm×H56cm×D22cm	多用于自助餐厅盛装果汁或其他软性饮料
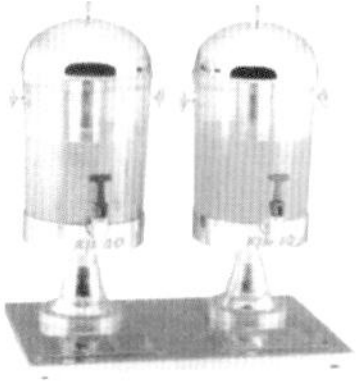	不锈钢果汁分配器（双槽）	W57cm×H56cm×D22cm	

续表

商品	名称	规格	说明
	不锈钢果汁分配器（三槽）	W83cm×H56cm×D22cm	多用于自助餐厅盛装果汁或其他软性饮料
	日制SW蛋糕夹	L210mm	剪刀造型，方便取用蛋糕的客人自行夹取，夹头采大面积设计，较不易将蛋糕夹破
	保温壶	1500mL	可保冰或保温用，用以保存牛奶、豆浆或饮水用。在自助餐厅或咖啡厅也可存放牛奶让客人自行斟酌使用
	蒸笼保温座	∮10"	适用于港式点心、各式汤包、馒头等需富含水气的保温食品，蒸笼可自行斟酌层数，但因下方采用酒精灯作为热源隔水加热保温，效果不如燃气炉，不建议摆放超过三层蒸笼，以免影响保温品质

第六节　各类材质器皿的清洁保养维护

一、洗涤工作

餐务工作除了对餐具器皿做好保管储存、定期盘点，让这些生财器具能够受到良好的管理之外，清洁保养的工作也是餐务管理很重要的一环。现今的餐厅多数都已具备机械式的洗涤设备，讲究一点的餐厅甚至连吧台都装有洗杯机，让洗涤工作能够更臻顺畅。这种将杯具和餐具分开洗涤的最大好处是把油腻的餐具和几乎不油腻的杯具分送到两台洗涤设备，能让效率提升。万一其中一台设备故障时，也能相互依赖让餐厅运作不受影响。

洗涤工作要能顺畅除了洗涤设备的引进之外，采购周边的配件工具也是必须的。这些周边配件工具能够让洗涤工作更加有效率，让洗涤机的运转能量更大，同时也更节省水、电、清洁药剂的消耗使用。此外，曾经有人粗略统计过餐厅的破损发生，有八成左右是在厨房的洗涤区发生的。因此想要大幅降低破损的情况，适度的采购洗涤周边配件工具，是非常值得的投资。这些配件工具包含了各种不同款式用途的洗涤框/

架、不同深度尺寸的洗涤杯架、餐具洗涤插筒，以及洗涤完之后用来存放餐盘的盘碟车（见图2-4至图2-7）。

图2-4 竖盘架

以目前多数的餐饮业者现况来说，甚少有开办初期就自购洗涤设备的案例，多数的情况是采用分期租赁采购（Lease to Own）的方式，系利用分期（通常是二十四或三十六期）每月定额的方式向厂商租用洗涤设备，在分期的期间内厂商必须免费担负起每月检点保养的工作，如有故障也由厂商免费修缮维护，直到分期付款的期间结束为止。这段期间洗涤设备的所有权仍属厂商所有，而非餐厅业者。当然，在分期的这段期间内洗涤设备所需的洗涤药剂、干精都必须由餐厅业者向提供机器的厂商购买。

就洗涤的工作而言，主要的步骤有以下几项。

图2-5 标准凯姆架

（一）脏盘收集

在餐厅外场，顾客用完餐点后由服务人员将用过的餐具收回至外场的工作站上，或是置放于服务人员的推车上，是洗涤工作的第一前置步骤。在这个阶段，碍于工作空间上的不足，以及避免过度噪声的产生，服务人员仅能简略地将玻璃器皿、餐盘、餐具做非常简单的分类，然后尽快送进洗涤区。

（二）残渣厨余处理

服务人员将餐具厨余送进洗涤区后，应迅速将餐盘餐具、厨余、一般垃圾，以及资源回收垃圾，如纸张、空玻璃瓶、塑料瓶等做分门别类的放置。由于现今的环保法规日趋严谨，业者对于环保意识概念也逐渐落实，在这个动作上必须格外谨慎看待。此外，将餐盘上的厨余倒刮得越干净，对于之后的洗涤动作也就越轻松，洗涤设备的负荷也越小。

图2-6 8格半号平餐具篮

（三）餐具分类

确实执行餐具分类的动作对于后续的洗涤效果有绝对的助益。一来可以在洗涤后节省人力在餐具的分类上；二来相同规格的餐具堆叠在一起也能让洗涤区的工作台上不会凌乱堆叠，较不容易发生倒塌摔落破损的情况。

（四）初步浸泡

对于刀叉匙这类的餐具，初步的浸泡是必须的。当餐具被送进洗涤区后，可以将刀叉匙分门别类的浸泡在不同的收集桶内。浸泡的好处是避免厨余或酱汁因为干燥而变得不易清洗，尤其是菜泥（例如马铃薯泥）、果泥（粒）、饭粒、意大利面条等物干燥后往往变得坚硬不易脱落，在被送进洗涤机内短短的数十秒内是无法被洗

图2-7 盘碟车

除掉的。

预先的浸泡可以让餐具及早脱离各种不同pH的食物，有助于延长餐具的使用寿命。适度添加洗涤剂在浸泡液中能有不错的效果，就算是中性的洗涤剂，甚至是单纯的温水浸泡，都是有帮助的。

（五）餐具装架

在开始着手洗涤时，洗涤人员会选用适当的洗涤配件来帮助得到更好的洗涤效果。例如不同尺寸的餐盘选用不同的洗涤架；杯具则是早在被送进洗涤区时就已倒掉剩余的杯中饮料，然后直接放入专属的洗涤杯架中，避免碰撞破损；刀叉匙则是在着手进行洗涤时，将预先浸泡的餐具取出放入洗涤筒内。这些动作都会对稍后的冲洗和洗涤工作有不少的帮助。

（六）冲洗

冲洗的最大目的是将先前第二个“残渣厨余处理”的动作再做加强。洗涤设备的规划会在进洗涤机前配备一个水槽，水槽上方附有不锈钢架，扮演类似桥梁的角色，让洗涤架能够直接摆在水槽上方然后利用高压水柱喷枪冲掉残余的小菜渣、汤／酱汁，以及多余的油脂。通过完整冲洗的餐具在进入洗涤设备前，其实已经完成约70%的洗涤动作，只剩下薄薄的油膜还附着在餐具器皿上而已。先前提到必须使用适当的洗涤架，并将相同规格的餐盘上架，如此能使盘子之间有适当的间距。此外，水压是否足够扮演着冲洗动作能否被确实完成的重要因素。如有必要，建议加装加压马达，以提升喷枪出水的水压，若提供热水水源，对于冲洗效果也是有帮助的。

（七）洗涤

洗涤的时间只有短短的数十秒。洗涤机则分为履带式及封闭式两种，履带式洗涤机只要人员轻推洗涤架进入机器，自然会被履带扣上并且逐步往前进，然后由另一端被送出。封闭式则是由人员将洗涤架推入机器后关上机门，于设定的时间内完成洗涤工作，再由人员把洗涤架取出。

洗涤机的运作大致是利用机内的上下多个喷头，对着餐具喷射循环水及清洁剂，接着喷射干净的热水进行冲洗，最后再喷上融入冲洗剂的热水后随即完成。机器的动作秒数、水温、水压直接影响洗涤效果，有了足够的高温便能让冲洗剂迅速将水分蒸发，让餐具能迅速洗得既干且净（参见第九章第四节）。

（八）卸架

卸架的动作就整个洗涤的程序上来讲，最需要注意的是维持清洁卫生。因为餐具到了这个阶段已经完成洗涤工作，必须确保不再受到污染，对洗涤人员本身的卫生要求自然提高许多，建议将洗涤人员区分，避免由同一个人操作洗涤前与洗涤后的工作。再者，卸架也是一个验收的过程。在卸架的过程中，操作人员有责任检查餐具是否洗涤干净，注意不要在完成洗涤工作后就急着卸架，必须稍稍等待数十秒钟让冲洗剂完成拔水蒸发的动作，必要时仍须以干净且不掉棉絮的布巾擦拭。

（九）存放

洗“干”“净”的餐具接下来就是要移到指定的存放位置。这时要注意的是存放位置的挑选。例如有些用来盛装甜点的餐盘必须要放置在冷藏或冷冻柜中预冷，此时就得先让餐盘在室温中冷却，待降温后再移入冷藏或冷冻，避免温度急速变化造成餐盘破裂。有些需要预热的主菜餐盘则可以直接移入餐盘保温柜中摆放；而对于室温存放的餐盘则可以选购盘碟车来存放，既有效率又安全。餐盘存放的位置应避免过高，如果要放在层板上则必须考虑层板的耐重负荷度、通风性、摆放高度、动线安全与否。此外，基于卫生观念，适度的防虫鼠设计是必须的。

二、使用不同材质餐具的注意事项

每种材质都有自己的物理特性，如对于温度变化的忍受度、耐摔度等。餐务人员应该在操作洗涤保养的时候，留意避免破损，并且让餐具器皿保持在最佳状态。

（一）玻璃、水晶玻璃餐具

使用玻璃、水晶玻璃餐具时的注意事项简述如下。

避免碰撞破裂

玻璃杯具器皿最致命的就是受到碰撞。不论是同质碰撞或异质碰撞，其破损均有可能造成人员受伤，而且破碎的玻璃碎片不易扫除，容易造成二次伤害。要想避免破损除了先前提到的善用杯架存放，或是在吧台区规划置放倒吊的吊杯架（见图2-8）之外，唯有“小心”一途。其他例如避免温差剧烈变化（用热杯装冰块或冰水）、避免使用金属冰铲、禁止以杯子取代冰铲舀冰块等等，都是可以避免碰撞破裂的好方法。

图2-8　吊杯架

避免二次污染

对于餐具所产生的顾客抱怨，最为人诟病也最常发生的就是水杯上有指纹甚至口红印。玻璃因为本身材质的关系必须保持干净明亮，但是也因为材质本身的透光率高、透视率佳，一点点的指纹往往会被看得很清楚，更别说是口红印了。要避免口红印存留在杯口，必须仰赖洗涤人员的把关，服务人员在使用前应做再次的确认。指纹往往是洗涤干净后又被二度污染所造成的。主管可以透过不断的宣导，加强持续的教育训练及观念的导正，让工作人员利用正确拿取杯子的方式来避免指纹的产生（见图2-9）。

正确的取杯法应以杯茎为拿取的位置

（a）正确的取杯法

杯子不论客人使用过与否，基于安全及卫生的考量都不可以将手伸进杯内抓取杯子

（b）错误的取杯法

图2-9　避免产生指纹的取杯法

定期保养保持洁亮　玻璃杯具在日积月累的使用下会产生玻璃表面雾化及刮损的情况。对于刮损，只能避免不必要的碰撞，并且选择适合的洗杯刷来因应，只是表面雾化的产生是无法避免的，除了可能是硬水水质遇热钙化所产生，也有可能是食物中的蛋白质与清洁剂混合所造成的残留物。此时，可以透过专用的清洁剂浸泡，再加强洗涤擦拭就可解决。

选用棉质且不脱絮的布擦拭　选用清洁而且已经预洗过几次的棉布来擦拭杯子，使之明亮。要留意棉质的布巾是否有脱絮的现象，以免杯子残留棉絮反而留给客人坏印象。

玻璃杯具的擦拭　正确的玻璃杯具擦拭步骤请见图2-10。

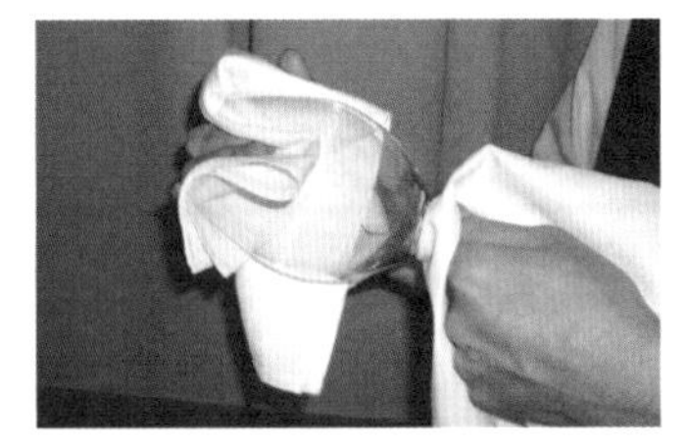

步骤❶　以左手隔着干净的布抓住杯茎，右手拿另一条干净的布擦拭杯身内外

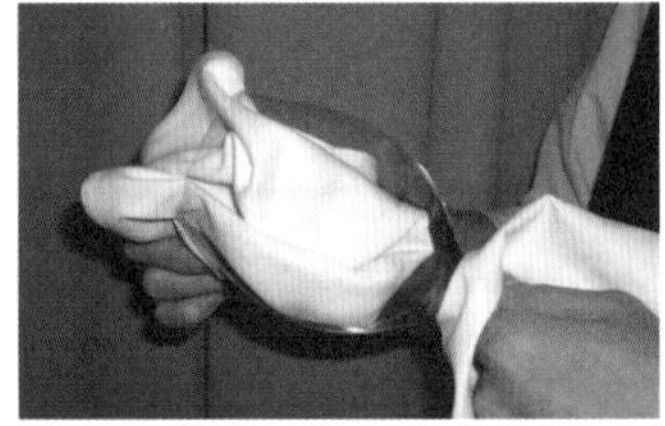

步骤❷　再将布塞进杯内擦拭内部及底部

步骤❸　最后再将杯座也擦拭干净

图2-10　玻璃杯具的擦拭步骤示意图

（二）不锈钢餐具

不锈钢餐具虽然耐用，但是也会随着使用时间的增长而有雾化及斑点的情况，而且多半无法改善只能报废。平常洗涤不锈钢餐具时除了如前述要预先浸泡方便洗净之外，减少与食物接触的时间可以有效避免餐具氧化。

此外，在刀叉匙这些不锈钢餐具完成浸泡要进入洗涤过程之前，应先放入专用的洗涤桶中再一起进入洗涤机进行洗涤。此时要留意的是避免过度拥挤。塞了过多的餐具到洗涤桶中只会影响洗涤的效果，并要避免将同一类型的不锈钢餐具放入同一个洗涤桶中，而应该将刀、叉、匙混合放入洗涤桶，才能避免因为规格形状一致而紧密叠在一起，反而降低洗涤的效果。洗涤后应迅速擦拭干净避免水痕附着，然后再进行分类，摆在专属的餐具盒内备用。

（三）银质餐具

正常的银质餐具随着日常的使用会有氧化的情况发生，产生表面变黄、色泽暗沉甚至生锈等情形。银质餐具的保养方法通常有以下两种。

浸泡还原　选择一个容器并且在底部铺设锡箔纸，让锡箔纸较雾的那一面朝上，光亮的另一面朝下。接着放入要浸泡还原的银质餐具，倒入溶有碳酸氢钠（洗涤设备厂商均有兼售）的热水中，然后在溶剂水面上再放上另一张锡箔纸。让锡箔纸的雾面朝下、亮面朝上，即使用的上下两张锡箔纸皆须让雾面朝向餐具，经由化学反应后，餐具上的残留污物或锈片脱落，会附着到锡箔纸上。但是必须留意浸泡时间的长短，时间以30分钟为宜，以避免餐具本身材质受损。

机器抛光　抛光机（Burnisher）是一台装有约10千克不锈钢小钢珠的机器，钢珠大小仅约0.2cm（见图2-11），下方另有一个具有循环功能的盛水容器（见图2-12）。使用前应补足清水，加入专用的氧化还原药剂，开启电源后钢珠会不断地滚动。此时可依机器大小规格分批放入适量的银质餐具，5~10分钟后就能将餐具表面浅层的刮痕去除，形成亮洁的外表，抛光机是非常实用的机器。

图2-11　抛光机与其内置的小钢珠

图2-12　抛光机下方具循环功能的盛水容器

（四）铜质餐具

铜质锅具应避免长时间存放酸或碱性的食物，清洗时可以人工使用海绵洗涤，再用干布擦拭干净存放在干燥的地方，避免过度受潮而产生铜绿（为铜器表面经二氧化碳或醋酸作用后所生成的绿色锈衣）；此外，尚应避免进入洗涤机中接受其他化学药剂接触。锅具如果附有焦着的食物残渣时，应该要先浸泡热水待软化后再洗除，避免用尖锐物品刮除，以免损及锅具表面。

锅身如有变色情形，可以用沾有醋的布巾擦拭后静置约一个小时，再以清水冲洗拭净即可。如有铜绿产生则可以用盐和等量的醋混合溶解后，再以布巾沾溶液擦拭使其恢复光泽，接着再以清水冲洗后擦拭干净即可。

铜锅的内锅通常镀有一层锡，经常性使用难免有镀锡脱落的现象产生，容易在脱落处产生铜绿，此时要勤于保养以保持光泽，但无需担心铜绿产生中毒的情况，日本厚生省于昭和五十九年的研究指出，铜绿可以经由人体自然排出，并且是无害的。

（五）陶瓷、骨瓷餐具

陶瓷类餐具相较于铜具或银器，除了基础的洗涤和正确的存放外，并无其他保养的细节。唯一要注意的是，有些陶瓷餐具并未完全釉化，因此在盘底柱的部位仍会保留原始素陶的粗糙表面。有些餐具厂商会为这些粗糙表面作简单的光滑处理使市场接受度提高。若是盘底柱未经过釉化或光滑处理，堆叠盘子时下方的盘子就很可能会被上方餐盘粗糙的盘底柱所刮伤。

三、搬运餐盘及擦拭餐具的注意事项与动作

搬运餐盘及擦拭餐具的注意事项与动作如图2-13、图2-14所示。

双手隔着干净的口布拿起适量的餐盘，既可避免洗净的盘子遭受污染，也可避免因为拿取刚洗净尚未降温的盘子而烫伤手部

图2-13　搬运餐盘的方式

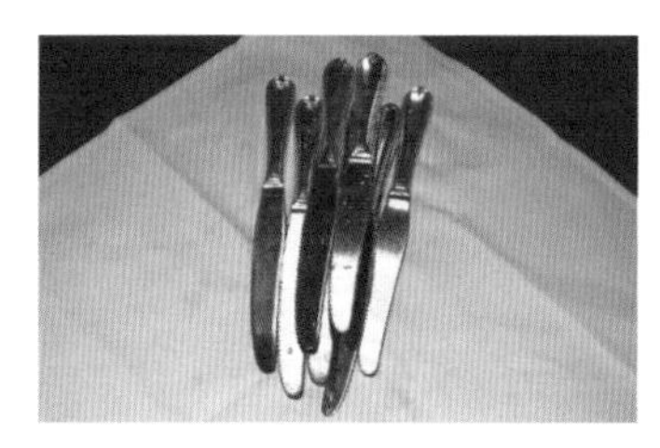

步骤❶ 先将洗好的刀叉分类，将同类的餐具放在干净的口布上

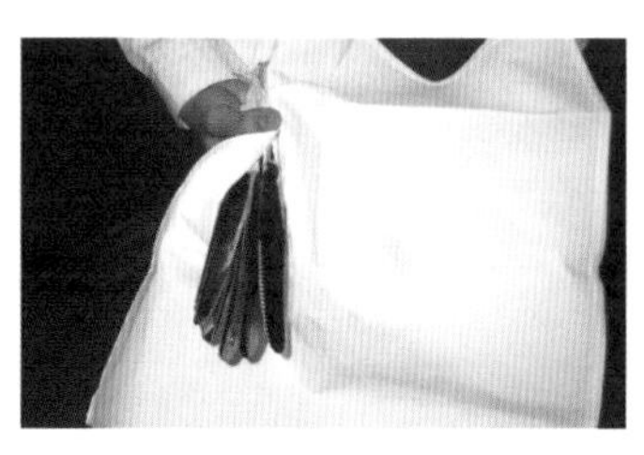

步骤❷ 以左手隔着口布一把抓起餐具下端

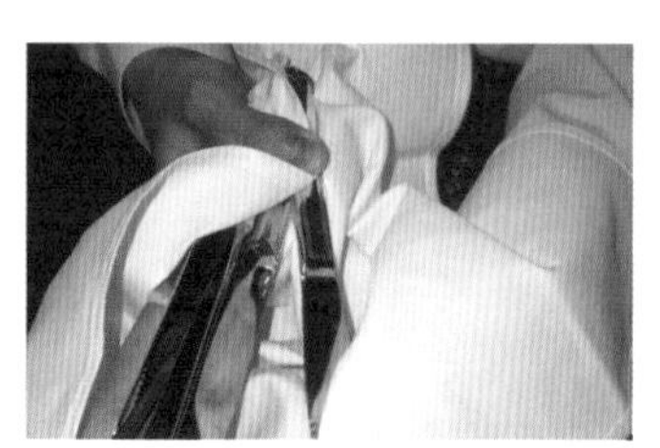

步骤❸ 再以右手隔着口布逐一擦拭餐具

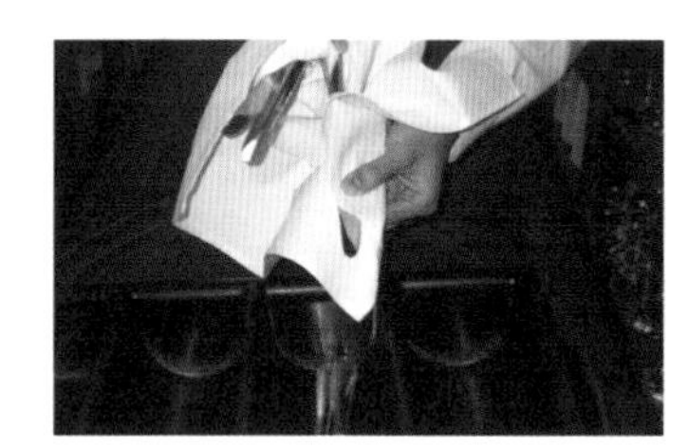

步骤❹ 擦拭好之后顺势滑入干净的餐具盒内

步骤❺ 餐具盒内应分类放置不同款式的餐具备用

图2-14　餐具擦拭的步骤示意图

Chapter 03 第三章

点心烘焙房设备与器具

第一节　概述

相较于一般的餐厅厨房，烘焙或点心厨房对一般人而言会稍微陌生一些。多数的时候，我们顶多从生活圈里连锁咖啡店的门市柜台，或是在住家附近的传统面包店往内窥看可以看见前店后厂的格局，摆放着烤箱或是一台台放置烤盘的推车。其实，这些多半只是烘焙厨房。专业的点心厨房或饭店里的巧克力房在设施和规划上又和烘焙面包用的厨房有些微的差异。在本章，笔者会为各位做些简单的介绍，好对点心及烘焙厨房的差异有较清楚的认识；另外，本章也会针对点心房里的各项常用器具做一些介绍。

第二节　空间与动线规划

一、空间规划要点与坐落位置

一般来说一个稍具规模的餐厅在后场的建置上，会因为有甜点和面包的制作而另外配置专属的厨房。虽然不见得会有实体的隔间墙来做区分，但是在空间领域上会有明显的划分。纵然空间上有区隔，大致上仍会共用部分设备，例如烤箱、冷冻冷藏库、洗涤设备甚至干货储存空间。理想的状态则是能有实体的隔间墙做分隔，这么做的好处是能隔绝油烟、独享专属的空间领域和空调，让整体的工作环境品质更佳。一般来说，如果没有实体隔间，至少要在空间上做区分。此外，在空调的规划上也应该安排冷气的出风由烘焙点心房开始，然后通过回风与排烟系统从厨房区域导出，让烘焙点心房是气流的上游，维持空气的品质和温度。至于空间领域的规划上，也常将干货仓储空间规划在烘焙点心房和厨房的中间，如此区隔一来是动线清楚；二来有利双方工作人员取货。

二、图面介绍与说明

在本段落中，我们将透过一张专业且大规模的烘焙厂房设计图（见图3-1）来说明烘焙厨房的正确动线规划，让读者能够通过这专业的大型烘焙厂来了解基本的烘焙厨房概念。图3-1是一张4950平方米的烘焙厂房专业设计平面图，从图面来看整个生产动线大致呈匚字形进行，依据不同的制作工序进入不同的空间，最后产制成成品后进行出货离开厂房。

①首先，人员进行更衣着装、清洁消毒后进入厂房。而同时干货仓的物料及面粉仓的面粉也和人员同样进入称粉区。此空间同时具有面粉过筛与称重设备，让面粉进入备用的

状态。

②过筛后的面粉进入到生产线上的第二程序区域为分割整型区，此区主要的功能是将面粉进行和水、搅拌、压面、揉制、整形等工序。因为本案是大型工厂，所以在人力操作的比例上相对较低，且多半依赖大型的专业设备来进行这些工序。因此本区内的设备全数为冰水机、搅拌机、面团切割机、面团整形设备（雷恩机）。这个阶段结束后随即将成型的面团移入冻藏发酵室或前发酵室中，进行冷冻、冷藏、发酵等程序。图3-1中的冻藏发酵室为二门式单一动线设计，采一进一出的规划以确保先进先出原则并且方便人员移送发酵好的面团进入烘焙区。

③进入烘焙区之后，则可依照产品属性，将面团移入蒸汽烤箱、旋风烤箱、多层式烤箱等设备进行烘烤。同时可以依据烘烤的数量选择一板、二板、四板、甚至六板的烤箱来进行大量烘焙以提高产能。

④完成烘焙的产品首先要进行冷却降温定形程序。通常这个程序只需要在正常的空调室温下进行即可。但读者可以发现在烘焙区进入缓冲冷却区的交界处设置了二个门分别进入不同的空间。其中经由150厘米宽的门可以进入室温缓冲冷却区，而另外一个120厘米的门则是进入另一密闭空间，此处为急速冷冻专区。送入此区的烘焙产品多半为整张完整的海绵蛋糕、戚风蛋糕，完成冷冻程序后再进入冷冻库存放备用，或销售给一般烘焙店加工使用，制作蛋糕。

⑤在图3-1的左下方另设置有清洗区，负责全厂器皿、搅拌盆、烤盘及各式工具器具的清洗，完成后再回归到各区备用。此区的特色是水槽比一般厨房洗涤区的水槽大，而且深度也深许多，主要是因应烘焙厨房大烤盘、大搅拌盆等多为大尺寸器皿之洗涤所设计。

⑥在清洗区的右方另规划有常温厨房及冷厨房，并且各自配备有冷冻或冷藏库、工作台冰箱、水槽、层架等的基本设备之外，尚有电热炉台做一些拌炒、水煮、隔水加热的制作工序。市面上常见的青葱面包、咖喱面包、巧克力、明太子、肉松等口味面包，都是经由这两个厨房制作准备后，送入分割整型区注入馅料，或送至缓冲冷却区进行面料摆放。

⑦制作好的烘焙产品在完成冷却后即可移入包装区进行包装或装箱装篮的程序。因此包装区的 设备不外乎工作台、封口机、自动包装机、日期打印机、标签贴纸机等设备。完成此区的工序后，成品随即可以移送至出货暂存区等待后续的物流配送作业。

图3-2则是一般我们街坊常见的咖啡烘焙店、面包店的规模，碍于现场动线空间的局限，无法有效规划出专属的工作区域，但大致看来也算是麻雀虽小五脏俱全。在台湾，这种传统的前店后厂式面包店仍属主流。店铺前房除了面包的展示、柜台的结账及包装之外，也可以导入咖啡设备兼卖咖啡茶饮甚至冰沙，如果空间有余也可以在客人的选购区域内摆设透明展示冰箱，提供果汁、鲜奶等饮料给客人进行选购。

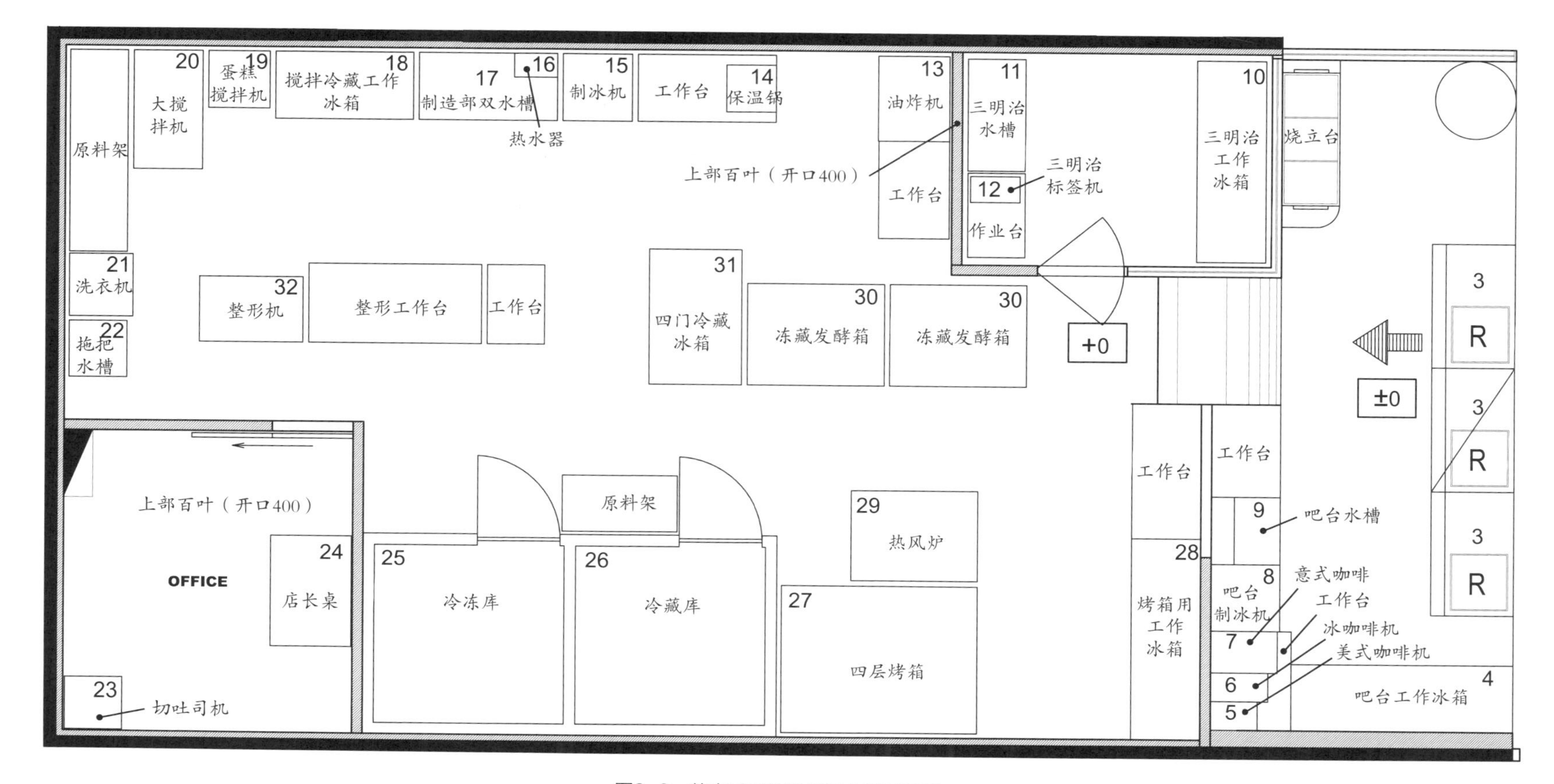

图3-2　前店后厂的烘焙门市图面说明

第三节　设施需求

一、空调设备规划要点

以烘焙厨房来说，依照烘焙厨房所主要生产的产品不同，温度的需求比较多样，针对产品属性规划合适的室内温度。一般而言面包烘焙着重在面团的揉制、整形、发酵后进烤箱前的涂抹蛋液、喷水、置放装饰物等，这些都可以在正常的冷气环境下操作，至于面团发酵就会在有合适温度的专业发酵箱里面来完成；因此，室内温度22~25℃被认为是舒适的工作环境。

至于蛋糕的制作，多半可以在室温之下操作，例如蛋糕面糊的调制、戚风蛋糕烤好之后的切制整形、堆叠、涂抹鲜奶油、夹心馅料等，都没有特别严格的室内温度要求；这些和面包烘焙一样，在22~25℃的室内环境下工作即可。相对于上述的蛋糕和面包制作可以在正常室内温度下进行，巧克力产品或是丹麦面团产品的制作就得要求低温了。因为巧克力容易软化、丹麦面团容易出油，这类的烘焙厨房通常会设定在15℃甚至12℃的环境下进行操作。

二、排风设备规划要点

烘焙点心厨房不像一般厨房有煎煮炒炸的烹饪程序，油烟弥漫的机会小了许多，因此烘焙厨房的排风设备重点在于排出室内废气、人体呼出的二氧化碳及烤箱产生的热气，搭配冷气空调来进行室内的空气对流，形成合宜舒适健康的工作环境。因此，排风设备内通常少了水洗设备和静电设备，只是单纯抽出室内空气即可，顶多在排烟设备的末端加设活性炭设备，减少空气的异味和油腻感，也因此排烟罩在设计之初就必须搭配烤箱（热源）的位置来建置（见图3-3），才能有效率地排出热气，冷气出风口则尽可能在距离排烟罩较远之处来形成空气气流的循环，并且尽量让工作人员操作的区域能有更多的冷气出风口。

图3-3　排烟抽风罩

三、气压设计规划要点

在气压的设计方面，烘焙厨房在设计之初就必须请设计厂商精准计算排气量和冷气的进气量。排气量太大会导致冷气大量被抽走，徒增冷气空调成本，反之排气太少则会造成室内闷热，空气品质不佳。建议由空调厂商计算后，使烘焙厨房呈现微负气压的状态，如此既能兼顾排气（排热），让室内有良好的空气和温度品质，又不至于让冷气大量被排气设备抽走形成浪费。更重要的是，呈现负压状态可以让工作过程中的面粉粉末能顺着气流被导引，进而透过排气设备向外排放。因为烘焙厨房呈现正压状态，面粉粉末可能会被吹向室内其他区域，造成清洁困扰，这种情形如果发生在一般前店后厂的烘焙面包店，会造成门市橱窗台面有面粉落尘的问题。

四、电力规划要点

烘焙厨房和一般烹饪厨房的能源需求最大的不同就是燃气和电力的配比。烘焙厨房主要的设备有冷冻、冷藏冰箱、搅拌机、烤箱、发酵箱，几乎都是电力设备，即使因为需要熬煮各式果浆糖浆，或热熔巧克力等，也都属于一般热源，采用电热炉就绰绰有余，因此要在烘焙厨房做到全电零燃气设备的可行性是相当高的。

鉴于上述的说明，在设计建构烘焙厨房时就可以省略埋管配置燃气管线的工程和费用，取而代之的是高电压的电力需求。建议在烘焙厨房里有专属的380V电压，再一一针对设备的电力规范需求，单独拉线到所需的设备位置，并给予专属的回路，以维护电力安全和使用需求。为每一个大型电力设备配置单独的回路最重要的好处是，当设备进行维修时只要针对单一设备关掉电源回路即可进行，不致影响到其他设备的运作。

五、排水规划要点

厨房地板因为冲刷频繁的缘故，对于壁面的防水措施和地面排水都要有审慎的规划。一般来说，壁面的防水措施应以达30厘米为宜，如此可避免因为长期的水分渗透，导致壁面潮湿或楼面地板渗水等问题。

厨房的地面水平在铺设时应考虑到良好的排水性，通常往排水口或排水沟倾斜度约在1%（每1米长度倾斜1厘米），而排水沟的设置距离墙壁须达3米，水沟与水沟间的间距为6米。因应设备的位置需求，排水沟位置若须调整，则须注意其地板坡度的修正，切勿因而导致排水不顺畅。设备本身下方通常应有可调整水平的旋钮，以因应地板倾斜的问题，让设备仍能保持水平。

排水沟的宽度须达20厘米以上，深度需要15厘米以上，排水沟底部的坡度应在2%至4%之间。为了便于清洁排水沟，防止细小残渣附着残留，水沟必须以不锈钢板材质一体成型的方式制作，并且让底板与侧板间的折角呈现圆弧状。同时，排水沟的设计应尽量避免过度弯曲以免影响水流顺畅度，排水口应设置防止虫媒、老鼠的侵入以及食品菜渣流出的设施，例如滤网。排水沟末端须设置具有三段式过滤油脂及废水处理功能的油脂截油

图3-4　厨房排水沟

槽，并要有防止逆流设备。一般而言，排水沟的设计多采用开放式朝天沟，并搭配有沟盖，以避免物品掉落沟中（见图3-4）。

第四节　烘焙及周边重要设备

一、电子磅秤

在烘焙的领域里，磅秤甚至更精密的电子秤绝对是首先用到的重要设备。在烘焙制作的过程中，糖、盐、酵母、香草精等都是重要的材料，相对于面粉和水的重量来说虽是极小比例的原料，但却完全影响着成败。因此有个精准的磅秤来确定这些关键原料的重量是非常重要的。现今的磅秤多半以电子数位的形式出现，除了精准也避免重量读取时容易产生的错误。电子磅秤的另一个重要功能是具有扣重归零的设计，操作者可以先将容器放在电子秤上然后归零，随后将所要称重的原料放入容器内，就能轻易阅读原料的净重。

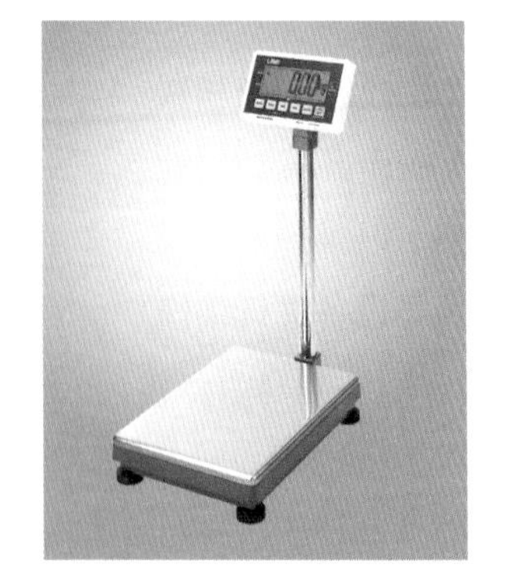
图3-5　落地式台秤

此外，单位的随时切换也是电子磅秤的贴心设计，让重量的单位能瞬间在公制（千克、克）、英制（磅、盎司）间作切换呈现。烘焙厨房里多半配置桌上型电子秤进行少量且精准的原料称重，以及落地式的台秤（见图3-5）作为重物（如面粉）的称重使用。

二、量水机

水量的多寡也是决定烘焙产品成败的关键因素之一。将水源经过量水机再出水的最大好处就是能快速测量出水的重量。（见图3-6）简单的说就像是加油站里的加油机，透过视窗随时可以知道流出水量的多寡。小小一台和A4纸张大小相差无几的量水机，装设在水龙头前却能大大有助于操作人员的工作效率。

图3-6　量水机

三、恒温冰水机

在面团制作时，为求面团的品质稳定，掌握面团温度就成了重要的条件。而在揉打搅拌面团的过程中，会使面团的温度持续上升，尤其台湾为亚热带海岛型气候，夏天高温，湿度也高，对于揉面团和发酵都具有挑战性，因此多半时候都会以冰水来搅和面粉制作面团，以确保面团能维持在28℃以下。

为了顾及每日操作品质的稳定度，多数的烘焙厂都会配备恒温冰水机（见图3-7），以确保每日使用的冰水是处在固定的温度，这样制作的面团才能保证稳定的烘焙品质。

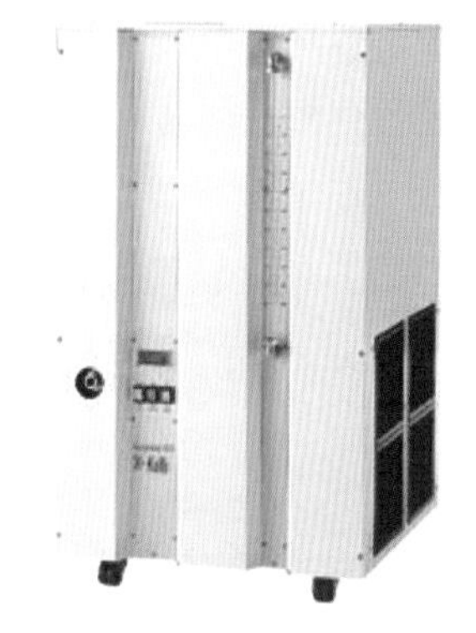

图3-7　恒温冰水机

四、搅拌机

搅拌机的工作原理简单，说穿了就是将面粉、水、牛奶等相关所需食材放入搅拌机后，透过机器搅拌器以稳定的力道与速度，将原料确实地完成混合搅拌。避免人工因为气力不足产生力道忽大忽小、搅拌速度忽快忽慢的状况，对搅拌品质造成影响，同时也可以避免人体体温影响面团。搅拌机小至手提小家电款式供家庭主妇使用，或是桌上型搅拌盆（面团约3升）供重度使用的小家庭或小型点心房，大至90升（面团承载量约30千克）的落地型专业设备等，皆有不同（见图3-8）。

这些搅拌机不论大小通常都具有计时器、不同的搅拌器和转速，让使用者方便选择使用。落地型的搅拌机为了确保机器稳固，在机身上多采用铅质当骨架，以增加机台本身重

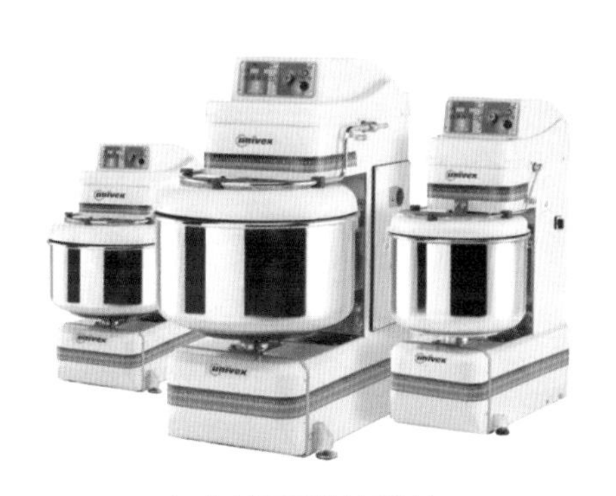

（a）封闭型落地搅拌机

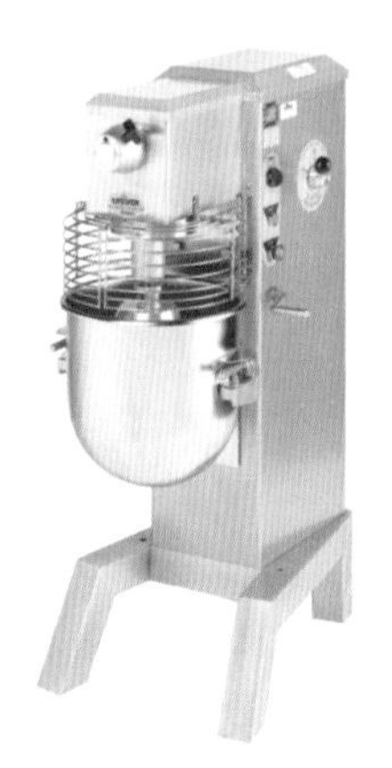

（b）落地式搅拌机

（c）落地式搅拌机附拖曳式搅拌盆

图3-8　搅拌机

量（机身可重达400千克）；搅拌盆则多采用食品级304不锈钢制作。为求安全，建议落地型搅拌机一律请厂商打地桩直接固定在地板上，避免长期使用造成位移。

至于搅拌器，常见的款式有扁平状搅拌器（见图3-9a），适用于捣成泥糊状的各种原料；球线状搅拌器（见图3-9b），适用于打发面糊拌入空气；以及勾状搅拌器（见图3-9c），适用于混合及揉捏面团。

（a）扁平状搅拌器

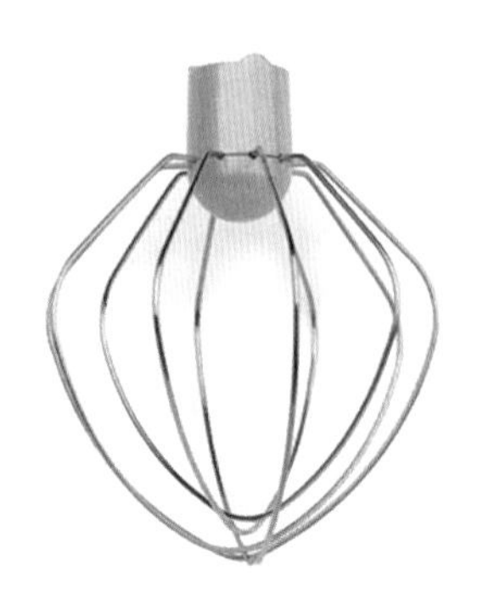

（b）球线状搅拌器

（c）勾状搅拌器

图3-9　搅拌器常见的款式

五、面团分割搓圆成型机

将搅拌完成的面团置入面团分割机后，就能够依照所需的分量进行设定，让机器代劳快速完成称重、切割、搓圆，进而送出，使操作的人员能立即将搓圆好的面团送进冷冻或发酵，进行下一个制程。这项设备可同时揉制三十颗面团，此外，尚有一些贴心的设计，方便机组拆卸清洁，对于食品安全的维护也功不可没（见图3-10）。

图3-10　面团分割搓圆成型机滚圆机

六、法式面包成型机

法式面包成型机（见图3-11）的工作原理和面团分割搓圆成型机大致相同，主要的差异在于面团的成形是长条状。这类设备通常一次投入3千克的面团，让机器自动称重、分割、揉制成型。产能可高达每小时1500条法式面包，而单条法式面包的长度则可长达75厘米。

图3-11　法式面包成型机

七、器皿洗涤机

烘焙厨房和一般厨房相同，在生产作业的过程中自然会有许许多多的器皿工具在使用完毕后需要洗涤晾干并归位。而烘焙厨房的器皿和一般厨房器皿最大的差异在于规格的不同。烘焙厨房常见的烤盘、搅拌盆器材在形体上不同，再则因为经过高温烘焙过程烤盘容易产生难洗的碳化物质附著于烤盘上，多半需要人工预先以钢丝球手洗过，再进到机器完成清洗工作以提高清洗效果。

目前国外已经有厂商率先专为开发烘焙厨房的器皿所设计的专用洗涤机（见图3-12），它的特色就是由传统上拉开门改为正面侧开或下开方便器皿摆入机器内，并且可以选购专属洗涤架，针对不同的器皿烤盘做随时的调整以达到最佳的清洗效果和清洗量。

这项设备另外有选配专属推车，让使用者先将待洗的器皿在推车上摆放好后再将推车推到清洗机前，连同洗涤架与待洗的器皿一并推入洗涤机内，工作原理类似堆高机将货物推出仓储货架（见图3-13）。这项设备最大的特色是在机器内放入了大量的小型蓝色塑胶颗粒，在洗涤的过程中利用这些塑胶颗粒高速撞击，把烤盘或器皿上的污渍、焦糖等碳化物彻底清除，以达到洗净的目的。洗涤效果不但令人惊叹，并且只需要传统洗涤机所需水量的十分之一即可，是相当环保的设备。

图3-12　洗涤机

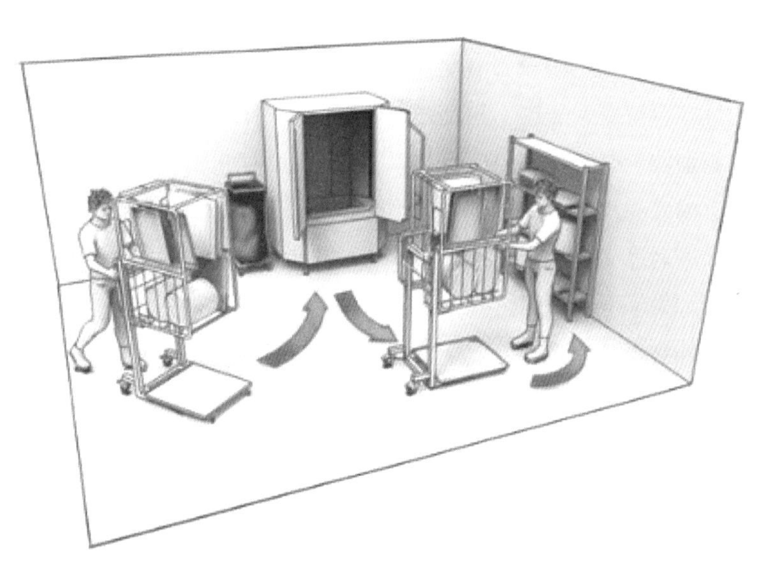

图3-13　洗涤机选购专用推车示意图

八、压面机

压面机又称丹麦整面机（见图3-14），是一台工作原理简单、不昂贵，但却是烘焙师傅的好帮手的机器。将揉制好的面团通过机器的滚压，利用手柄随时调整所需面皮的厚度，就能呈现出所需厚度一致的面皮。丹麦面团最大的特色是在面团中透过面粉和奶油的层层翻折，创造出千层的结构，此时利用压面机来回的整形最能有效率地制成所需的千层面团。这类设备主要的差异在于滚台的长度和宽度可以因应烘焙师傅的需求和空间的限制，而且好拆好清洗，是多数烘焙厨房不可或缺的实用设备。

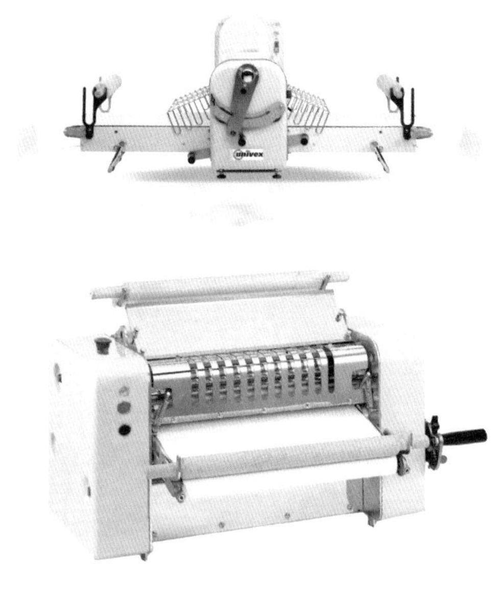

图3-14　压面机

九、面包切片机

面包切片机是大家最熟悉的设备之一。在我们生活圈里的一般面包店中，通常可以在柜台后方看见这台设备。通过数十片固定式的刀片上下摇动，形成锯子的切锯动作，将整条吐司面包在几秒钟之内切片完成。当然，不同间距的刀片模组也能产生不同的吐司厚度。一般而言，吐司面包约1厘米厚，而厚片吐司则3厘米左右。

十、冻藏发酵箱

冻藏发酵箱是烘焙厨房的重要设备之一（见图3-15）。发酵的成功度掌握着烘焙制品的最终成果，尤其在台湾夏天酷热、冬天又偶有超级冷气团的气候环境里，是无法像在欧洲或东南亚（如新加坡）有着稳定的自然发酵环境，让面团自然发酵成形。因此，一台能够提供稳定湿度、温度的发酵箱就扮演着非常重要的角色。

冻藏发酵箱，顾名思义就是兼具冷冻、冷藏、发酵三机一体功能的设备。试想，我们生活周边的面包店如果早上七点开门营业迎接早餐生意，势必得从清晨四、五点就要让面团进入发酵阶段才能来得及完成发酵、涂蛋液、放面料，然后烘烤、室温冷却，赶在七点营业时上架贩售。这种我们常见的前店后厂型面包店多半是夫妻或家人经营，搭配一两助手，小本经营却也撑起台湾人对面包的巨大需求。在人力有限的状况下，面包师傅必须在前一晚将事前制作好的面团（可能是早已制作好放入冷冻库储存备用），取出后摆放在烤盘上并预留足够的间距，因应发酵后体积膨胀避免彼此沾黏，然后移入冻藏发酵箱内继续维持冷冻状态。通过设备内的计时器，在半夜的时候由冷冻状态自动切换成冷藏状态进行面团的退冰回温，然后在定时器的指示下，由冷藏环境再转换为发酵环境，依照师傅原先预设好的发酵环境进行发酵。通过这自动化的设备辅助，面包师傅可以在一早起床后马上有发酵完成的面团，依照产品特性进行简单的烤前程序（面团上轻割刀痕、涂蛋液、上面料）后就可以进入烤箱烘烤。时间上显得非常有效率，又能够提供稳定的发酵及烘焙品质，不会有因为气候环境改变造成发酵大小不一的困扰，而师傅也能在夜间安心睡眠。一般而言，依据季节、气候和所在城市的温度湿度条件不一，冻藏发酵箱所需的发酵时间和环境也略有不同，通常第一阶段发酵约为26~28℃，第二阶段则为32~38℃，相对湿度则为68%~82%。

十一、层烤箱

层烤箱是一般烘焙厨房最常见的烤箱机种（见图3-16）。层，顾名思义就是可以依照需求购买不同层数的烤箱，同时也可以因应空间条件，选购不同面积大小的烤箱。面积大小直接决定了每层烤箱可放置的烤盘数，少则一盘多则达九盘，每个烤盘尺寸为46厘米×72厘米。烤箱主要能源为220V电压，单层烤箱功率约为6kW，三层烤箱所需功率则高达27kW。

现今的烤箱多为数位电子面板，并附有蒸汽设备因应法式面包使用。烤炉内多配置石板达到温度均衡且聚热保温的效果。照明灯泡搭配炉门上的透明视窗，让工作人员可以清楚观察到面包烘烤的状态（见图3-17）。

比较具时尚设计的烤箱则采模组化设计，透过业主的需求把层烤箱、蒸气烤箱、室温冷却架等周边配备组装在一起，让使用者拥有最合适的设备和周边配置，使工作和空间更有效率（见图3-18）。这个原理和现在一般家庭常见的模组化厨房工作台或系统家具的做法是相同的。

（a）隧道式冻藏发酵箱

（b）冻藏发酵柜

图3-15　冻藏发酵箱

图3-16　Laguna Deck oven (CN)层烤箱

图3-17　玻璃门层烤箱

图3-18　烘焙系列模组化设备

十二、工作台冰箱/工作台

就点心烘焙厨房而言，在工作台上的要求最大的不同在于重量和台面材质。重量直接决定了台面的稳固性，毕竟在点心烘焙厨房里揉制面团的画面天天上演，尤其在没有搅拌机或小量用手揉制面团时，就会直接在台面上进行揉制、整形、分割、搓圆、再整形的工作流程。一个稳固的台面是师傅工作最基本的需求，因此工作台本身的重量、工作台四脚甚至六脚的稳固性、地面的防滑性、工作台面的水平调校都变得很重要，否则日积月累下来工作台也会因为不稳固造成受力不平均而不稳、变形甚至损坏。而工作台冰箱，则因为本身的重量本来就比一般工作台重上许多，问题自然相对比较小。此外，如果工作台冰箱靠墙摆设，为避免食材或器具掉入后端墙壁缝隙，建议购买具有矮墙设计的款式（见图3-19），对于设备后端墙角地面的清洁较容易维护。采用中岛型摆放或两台工作台冰箱背对背摆放时则可以选择全平面式款式（见图3-20）。

至于台面，有别于一般厨房多采用不锈钢材质，点心烘焙厨房在台面的选择上除了

图3-19　矮墙式设计的工作台冰箱

不锈钢外，又多了石材的选项。石材台面首选为天然大理石，利用石材本身温度冰凉有助于面团的稳定性，尤其对于含油量高的面团，不容易产生面团出油的情况。另外也有人采用柚木作为工作台面，但因为木质属于天然材质，表面仍具有毛细孔，一般不建议使用，尤其是含有油类的面团（如丹麦面团），油渍渗入柚木台面会造成表面看来不洁，且容易发霉。现在坊间很多家用厨房料理台或咖啡厅吧台喜欢采用的人造石，则不建议用于点心烘焙厨房，因为人造石掺有化学成分恐引起食品安全问题之外，其在表面温度上也比不锈钢或天然大理石来得高些，并不具表面低温冰凉的使用需求。

图3-20　全平面式工作台冰箱

第五节　家用烘焙器材

近年来坊间出现许多烘焙器材行销售相关的器材给一般消费者，让民众得以在家中制作蛋糕、面包等各式烘焙食品。而在制作的过程中，所需的各项器材在价格上多半显得平易近人，属于电器类的设备（如简易型的烤箱）也能在一般家电卖场或量贩店买到，预算充裕的人甚至可以选购类似餐厅使用的专业烤箱，配置在自家厨房的燃气炉下方。

烘焙器材的另一特色为一个款式多种尺寸。例如，奶油裱花嘴、各式的蛋糕模、饼干模、慕斯模、布丁模等，除了有各式各样的可爱造型之外，还有多种的尺寸可供选择。因应不同的产品可选用不同材质的造型模具，在选择上则可以考虑方便脱模的设计。

家用烘焙器材的名称、规格及说明见表3-1。

表3-1　家用烘焙器材的名称、规格及说明

商品	名称	规格	说明
	比萨铲		塑胶把可用于铲比萨或蛋糕
	S/S椭圆慕斯圈	70mm×45mm×35mm	制作慕斯用造型模
	S/S四方圈	55mm×30mm×0.8mm	

续表

商品	名称	规格	说明
	S/S心形慕斯圈	6"	制作慕斯用造型模
	白铁切面刀	121mm×135mm	切割面团用刀具，多为不锈钢材质，刀锋利度不高不致割伤
	白铁柄切面刀	160mm×125mm	
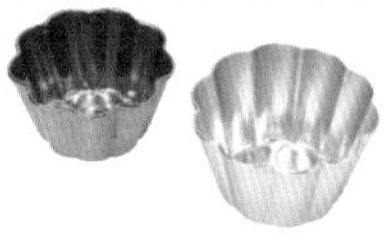	铝制菊花模-K3（梅花模）	8cm×5.5cm×4.4cm	制作布丁用造型模
	S/S布丁模（梅花）	W7.2cm×H4cm	
	固定蛋糕模（阳极）	6", 8", 10" H7cm	制作蛋糕用造型模
	铝制空心圆模	21.5cm×7cm	
	铝制空心菊花模	特大 21.6cm×14.5cm×8.7cm	
	小长擀面棍	直径25mm，长度300mm	擀面棍有多种尺寸
	木制擀面棍（固定柄）	§ 8cm×L45cm	
	固定菊花派盘	上径200mm×下径181mm×高度26mm	制作派皮用造型模
	两用起酥轮刀	直径38mm×157mm	切割起酥皮用刀，也可用来切各式薄饼，如比萨或葱油饼等

续表

商品	名称	规格	说明
	派轮刀	直径62mm ×167mm	切割起酥皮用刀，也可用来切各式薄饼，如比萨或葱油饼等
	日制SW四层转架	§ 760×1020mm	蛋糕展示架。可以依大小堆迭叠多层
	日制SW皇冠	5寸	蛋糕展示架最上层的装饰物
	美制耐高热刮刀	26cm	可用于煎炒或搅拌刮面糊
	齿形刮板（德国制）		多种造型花纹刮板，用于造型蛋糕鲜奶油
	900g吐司盒	327mm×106mm×122mm（金色不沾）	吐司面包模
	糖度计（0%~32%）	30mm×40mm×170mm	用以测试甜度的仪器
	耐热手套	350mm	抗高温手套
	高级羊毛刷（6号直型）	235mm×75mm	多用于涂抹蛋液于面包面团上
	意制PDN双耳搅拌盆	22cm×H12cm	面团／面糊搅拌盆
	NORITAKE #4000圆烤盅（小）	6.9cm×H3.6cm (80cc)	用于制作布丁之耐高温容器，可直火喷烧焦糖或制作焗烤餐点
	REVOL/MIN焗烤盅（白）	7.5cm×H3.6cm	

续表

商品	名称	规格	说明
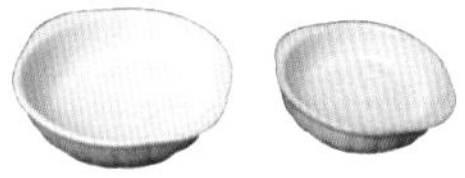	圆形烤盘（白）/中	17cm×4cm	
	圆形烤盘（白）/小	∮ 15cm×13.8cm×H3.8cm	
	鹰牌抹刀（木柄）	23cm/抹刀	用于涂抹各式酱料或鲜奶油
	鹰牌抹刀（胶柄）	25cm	
	鹰牌抹刀/弯型（木柄）	31cm	
	EBM裱花袋15011/1-28	280mm×180mm	可重复使用的裱花袋，市面上有多种尺寸供选择
	日制平底筛篮	15.5cm×H15.5cm	用以滤筛面粉
	花嘴/一体成形		各式不同纹路的花嘴
	鹰牌西点刀（圆头）	高碳钢27cm	切蛋糕用，通常会泡温热水使切面整齐
	港制木制饼模（方形）	7.2cm×7.2cm（250g）	古式糕饼用的饼模
	9"打蛋器	总长345mm 握把130mm	搅匀蛋液用
	转台（不沾）	309mm×H140mm	可自由旋转，方便制作蛋糕外观装饰
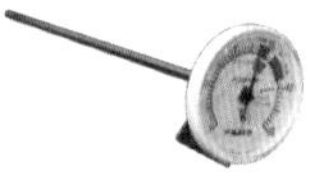	面团用温度计	0~50℃	用于测量面团温度

第六节　结语

工欲善其事，必先利其器。拥有完善有效率的生产设备和规划良善的工作环境，绝对是每位烘焙师傅梦寐以求的工作环境。本章简单地把所需的环境条件和时下常见的设备，做一简单陈述，希望能带给读者一个简略的概念。当然，随着物联网时代的来临，这些设备也不会置身事外。现在有些设备都有内建记忆程式，让烘焙师傅把所需要的温度与时间预先设定好，成为一个可以自己命名的程式模组。再透过网路以及原厂提供专属的行动应用程式（app, Mobil Application）来做远端的操作和管理，启动烤箱、选择模组程式、温度监控、计时倒数等，让这些工作都可以在手机中掌握。有空时不妨多前往参观餐饮设备相关的展览，或是假日出游时也可以到食品相关的观光工厂参观，都能看到很多先进的自动机械化设备，为自己开阔眼界增长见识。

Chapter 04 第四章

吧台规划及设备与器具

第一节 概述

当我们踏入一间餐厅或是咖啡厅时，除了一打开门感受到的氛围外，绝大部分的人都会自然而然的将目光投射到营业场所内的焦点，也就是吧台上。

吧台，餐厅酒、水、饮料、果汁供应的中心，往往是年轻人跨入餐饮业之初最想学习的一个工作领域。分析其中原因，最重要的莫过于以下几个。

帅 气　常常可以在报纸杂志或电视节目中看到花式调酒的报道或影片，看到调酒员出神入化的丢掷酒瓶或酒杯的高超技术，莫不令人羡慕万分。由于美式餐厅的推广再加上调酒协会举办的各项赛事，吧台的工作更受年轻人喜爱。

工作环境良好　比起厨房炉火和烤箱所带来的高温，吧台凉爽的工作环境显得人性许多。专业的吧台设计因为考虑到客人有可能坐在吧台用餐、饮酒聊天，所以在整体的环境舒适度上比起厨房要良善许多。

工作多元与具趣味性　除了可以耍耍酒瓶自娱娱人之外，因为工作属性的关系，吧台人员总是被要求要能熟悉各项时事新闻，尤其对于体育赛事更是要多所涉猎，才能和客人有更多的聊天话题，建立亲切感，拉近与客人间的距离。当然，多数的吧台甚至会架设电视机随时播放各项运动赛事，也让吧台人员在工作之余还能和客人共享赛事心得，增添不少工作上的乐趣。

看似轻松的吧台工作，其实都是累积长久的工作经验和专业知识技能，才能够独当一面承担这项工作，这些兼具多重角色的工作内容分述如下。

吧台调酒员　快速专业并且动作流畅的完成每一杯饮料是吧台人员的基本工作要求。这看似简单的工作可能需要经年累月的背诵数百个酒谱，并且了解每一种基酒、利口酒的属性。当然，正确的操作各项吧台设备和器具、定期的保养维护让工作上能够更得心应手也是重要的工作之一。

兼具餐饮服务人员的工作内容　吧台人员同时要能够担任服务员的工作，因为餐厅客人可能选择坐在吧台用餐，吧台人员必须和服务员一样拥有相同的专业知识，能够清楚的了解菜单上所有餐点的内容和烹饪做法，并且适时提供建议和专业的餐饮服务。

吧台调酒员必须是一位称职的销售员

销售工作也是吧台人员很重要的工作范畴之一。因为饮食习惯的不同，台湾人不像外国人对于各种调酒或基酒的口味、属性有那么充分的了解，这时就有赖吧台人员和客人适切的沟通，了解他对酸甜的喜好、酒精度的可接受性、甚至客人当天用餐的目的场合及心情，进而推荐客人最适合的调酒来作为佐餐饮料。在国外，甚至还有专业的侍酒师会在用餐期间逐桌和客人交谈，推荐适合的葡萄酒作为佐餐。

吧台调酒员必须有对餐厅有归属感

身为餐厅的工作人员应该把餐厅当成自己的事业看待，让每一位客人来到餐厅就像来到自家或朋友家的餐厅一般，以希望把最好吃、最好喝的美食饮料介绍给亲朋好友般的心态，与客人唠唠家常聊聊是非，进而培养客人对餐厅的忠诚度和对调酒员的信赖感。

第二节　吧台空间规划要领

举凡任何广告文宣都一定会搭配一位兼具气质与专业的吧台人员，展现出在吧台内认真工作的模样来突显餐厅的质感，经营者也会特别花心思、甚至是预算在吧台区域的设计上，不外乎就是希望能借由吧台的设计让整间餐厅的整体感更符合经营者心里理想的餐厅。

然而，餐厅的吧台需要的不仅仅是要美轮美奂，还要能有漂亮的获利。吧台在餐厅内往往负责除了食物以外的第二大营收，也就是酒水，以咖啡厅来说，更是主要的收入来源。也就是说，吧台内部的规划是经营者在规划餐厅时需要特别用心的地方，大至空间设计是否能让工作动线流畅，乃至设计材质的挑选、合适的器具设备以满足菜单需求、决定杯盘样式、水电照明等，都在考验经营者能否利用最合理的花费创造最大产值的获利。

一、吧台规划的目标

吧台与厨房虽然都是生产的区域，但两者最大的不同处在于客人会直接将吧台的一切纳入眼帘，所以一个完善的吧台实际上不仅仅要能提供餐食酒水，它的筹划以及布置需要符合整体设计，以满足视觉效果与留下良好的印象；更重要的是让员工可以有效率且安全的完成工作，简单来说就是要看得顺眼，用得顺利。大体而言，经营者在规划时可以将以下要点作为规划目标：

①适当的吧台位置及大小；

②人员制餐及出餐动线必须流畅；

③器材设备要符合菜单需求，并且需要提早决定；

④吧台的设计与摆设要能搭配餐厅的整体设计；

⑤须合理的控制预算；

⑥应提供安全且干净的工作环境；

二、吧台位置的选择

相信每一位经营者都想让客人看到自己绞尽脑汁设计的吧台，但是在决定营业场所中吧台的位置时，可不是将设计图打开，挑一块最喜欢的区域就可以轻易决定的。经营者必须从整体环境去考量，采光、通风、空间的大小与高度是否符合器具摆放的需求等都是考虑的要素；人员及货物进出的动线更是吧台坐落于何处最重要的决定因素。服务人员取餐及送餐的动线需简单流畅，有些营业场所会将收银机设置在吧台，让客人用完餐后自行前往吧台结账然后离开，建议吧台的位置勿太过偏离客席区。

大体来说，吧台的位置会有以下几种选择。

设置在进门正对面	这种设法有正面迎宾的感觉，同时也取代了玄关的角色，例如知名的“教父牛排”（见图4-1），客人一入内即可看到吧台人员专业的仪态。
设置在进门的左右两侧	这种设法为目前市场主流，许多美式餐厅以及咖啡厅都会采用这种格局，例如美式餐饮连锁餐厅 Friday’s（见图4-2），这样的格局同时也呼应了美式的餐饮形态。外国客人有习惯先在吧台点一杯酒精性饮料，坐在餐厅或是酒吧提供的吧台高脚椅或是高吧桌，与吧台人员或是同行朋友寒暄几句或是观看运动赛事之后再入座用餐。
设置在餐厅正中央	这是一种类似中岛概念的格局，可采取环状的服务模式，也可增加展示的效果，有些酒吧例如台北信义区的Brown Sugar 黑糖餐厅（见图4-3）就是将吧台设置在营业场所内的正中央，让四周的客人皆可看到吧台人员专业调酒的英姿。
设置在生产吧台（Service Bar）附近	生产吧台不直接提供客人服务，主要的功能是制作饮品，再由专人送到客人的用餐桌位，因为纯粹以制作饮品为考量，故无需太多装潢，也可以设置在客人看不到之处。

图4-1 将吧台设置于进门正对面

图4-2 将吧台设置于进门左右两侧

图4-3 将吧台设置于餐厅正中央

简单来说，经营者不只需要从自身的角度去考量位置的选择，更要从消费者的立场去衡量吧台的位置所营造出来的氛围是否能拉近与客人之间的距离。对于较无开店经验的经营者来说，寻求专业的设计师协助规划在相较之下会是较为保险的做法。当然，所付出的预算相对而言也会比较高，经营者需要衡量自身的资金状况，做出最适当的判断。如果营业场所规划于卖场内，卖场则可以提供概略的意见，在整体规划上会较适宜。

三、吧台位置的大小

业主们一定都想将营业场所内的位置数安排到最大值，毕竟越多位置数可能代表着越高的营业额，在如今寸土寸金的租金压力下，会有这样的想法固然合情但却未必合理。当我们在规划空间时不能单单只想到客席数，举凡厨房的大小、员工休息的区域、客席间的间距是否让客人感受舒适，都是需要被考量进去的要项。尤其是吧台空间的大小，业主需要先考量选定的空间是否能容纳所要采购的器具及设备，一些比较大型的设备，例如制冰机，如果真的有采购需要但又想节省空间，就可以将机器放置在厨房与厨房共用。此外，吧台人员的效率对于营业额的高低有显著的影响，为了避免多余的碰撞导致意外的产生，吧台内部的空间动线需足够，才能让吧台人员流畅且安全地进行餐食酒水的制作。

大体来说，以台湾的美式餐厅为例，吧台的座位数大约是餐席座位数的5%至7%，略低于西方国家的配比，主要是因为风俗和消费者习性不同所致。如果餐厅没有配置具备高脚座椅的酒吧，只有配置生产吧台来制作饮料，则一组基本配置的生产吧台须具备水槽、洗杯机、调酒、工作台冰箱、冰槽、可乐及生啤酒机，其空间大小需要5平方米左右来生产一百个餐席座位数。如果有更多餐席座位，则可以将生产吧台扩建一组相同设备来增加产能，但是因为制冰机相关设备可以共用，所以第二组的吧台面积仅约需3.3平方米就已足够。

咖啡厅的吧台面积主要是以咖啡机的生产力来决定，机器的大小及台数会直接影响吧台所需要的面积，举例来说，咖啡机内的锅炉大小会直接决定热水和蒸汽的稳定供应量，如果是使用半自动咖啡机，通常备以2~3个冲煮头即可，如超过3个，则建议使用一台以上的咖啡机，以避免发生热水和蒸汽不足的现象。另外，如果咖啡厅吧台需要制作甜点及轻食，也需要将工作台面的空间纳入考量因素，避免操作空间过于拥挤。

吧台内更需要足够的收纳空间，如果在一开始规划时没有思考周全，有可能在往后会造成人员将时间浪费在拿取或是整理货物上。吧台是一处需要频繁进行清洁以及货物盘点的工作区域，如果能在初期就妥善规划一个大小适中的吧台，不仅可以增进工作人员的效率，也可以协助经营者在未来营运上的管理更加得心应手。

我们常常在餐厅会听到有人滑倒或是有人受伤，通常厨房以及吧台是最容易发生意外的地方，所以当我们在策划空间时如果能在细节上多加留意，便也可以同时减少意外的产生。

整体而言，就材质方面来说，吧台内部的作业区域需选用防火、水以及耐用为主的材质，不锈钢材质的工作台面通常为首选。内部的地板则可以选择凿面或粗面的小型地砖，以增加防滑性。合适的排水沟布建或下水孔的安排也是必须的，方便日常的地面冲刷。此外，也可以考虑在地砖上放置橡胶软垫，不仅防滑也能适度保护玻璃器皿摔落破碎的几率和产生的噪声，软垫也可以减缓工作人员长时间站立的负担。但是要考虑的是餐厅必须有合适的场所可以在打烊后将橡胶软垫冲洗干净，并且能吊挂晾干。

木制的部分，为了防止溅湿或受潮，应避免使用在会直接接触到水源的地方，并且可选用人造木皮或是密胺板这种有防水表层的材料，有些营业场所为了配合整体造型也会选择其他较特殊的材质，例如高档餐厅的客座区会选择高级石材，较偏工业风的餐厅则会选用带有粗犷风格的金属表面。

第三节 吧台设备介绍

上述大略提到经营者于吧台规划前期需留意的大方向，经营者可视各方面的条件及需求，慎选最适合的空间类型。大体而言，目前较常见的吧台空间类型有L形、ㄇ字形、一字形及圆形吧台，各式类型各有其特殊性以及适合的面积大小，在吧台工程动工之前，有下列三项重点需要业主特别留意。

动工前务必事先确认好所有设备大小	业主需与设计师或施工人员沟通好每个设备的大小，工程单位才可以预留设备所需要的空间以及所需要的管线，如此一来，可以减少一旦动工后，因尺寸差异而产生的额外延伸性费用。
管线建议尽量皆以预埋的方式做处理	施工单位可以将管线从天花板上方以预埋的方式埋设于壁面里，如果管线外露（也就是俗称的“拉明线”）会造成管线与墙壁间的空隙，不仅会造成日后清洁上的不便，甚至形成鼠辈蟑螂的温床，也可以避免管线长期触碰到地板水源，而造成短路的现象。
特殊设备电路及排水管道	水电是在施工时最需要特别留意的项目，有些设施需要配备大回路的电量，就需要另设专用电路回路，否则容易发生跳闸，导致其他设备损坏。排水的部分则需要注意排水口及水管的口径大小是否足以负荷预估的排水量，排水沟末端则应设置截渣槽。

图4-4为吧台平面规划图，以下就图面上的设备顺序编号做逐项介绍。

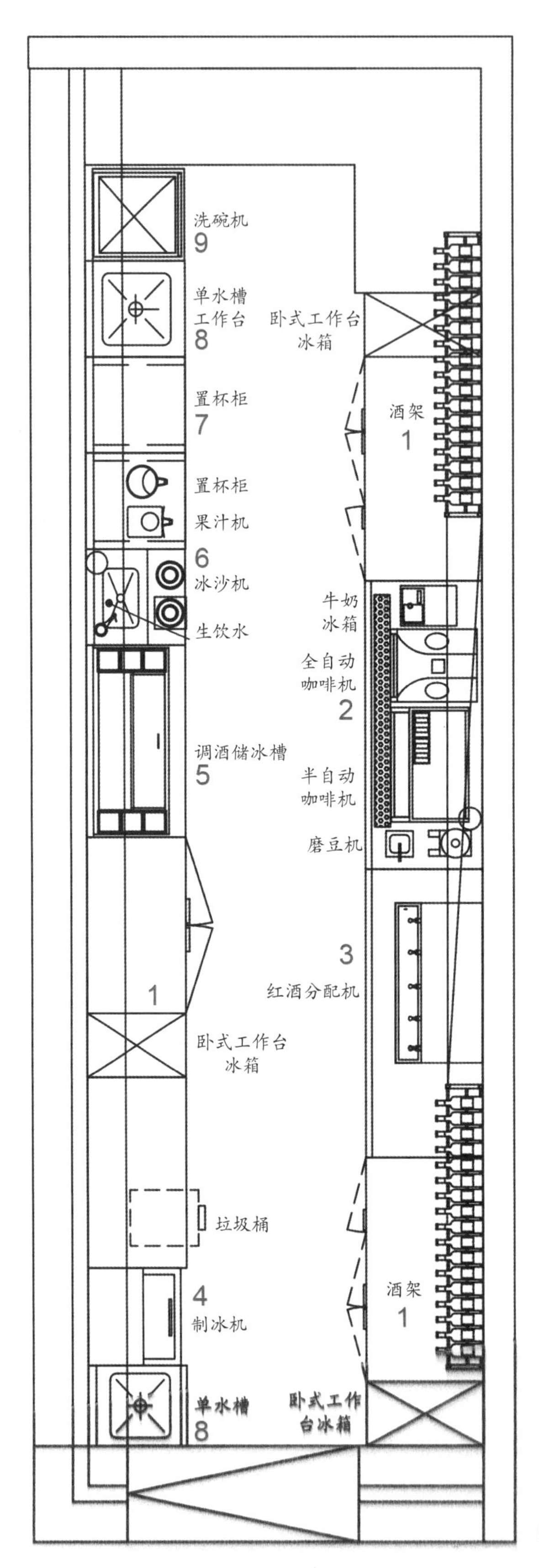

图4-4 吧台平面设计规划图

一、卧式工作台冰箱

卧式工作台冰箱（见图4-5）上方为不锈钢材质之工作台面，可在此处进行餐食酒水的处理，不锈钢材质拥有容易清理、耐用、防水之特性。在设置冰箱时要注意排水孔开孔的方向要与设备出水孔处左右相符。图4-6为玻璃门的冰箱，与不锈钢冰箱不同之处为不锈钢门耐用且好擦拭，内部可以放置保温棉，让冷房的效率更好，而玻璃门的优点则是可以轻松的看到冰箱内的品项，可以缩减翻找货品的时间，还可以当作展示柜使用，缺点是较为耗电，冷房效率也比不锈钢材质来得差。

图4-5 卧式工作台冰箱

图4-6 玻璃门的冰箱

二、咖啡机

目前市场上的咖啡机依照其冲泡咖啡的方式原理大致可分为：虹吸式、过滤式和加压式三种，兹分述如下。

（一）虹吸式咖啡机

虹吸式咖啡（见图4-7）早在19世纪中叶就被以化学实验用的试管作为基础逐渐发展出来，之后随着法国人的改良才成为今日大家所常见的上下对流虹吸式咖啡壶。只是虹吸式咖啡壶一直无法广为流传，直到一百年后因为流传到日本，才被发扬光大。

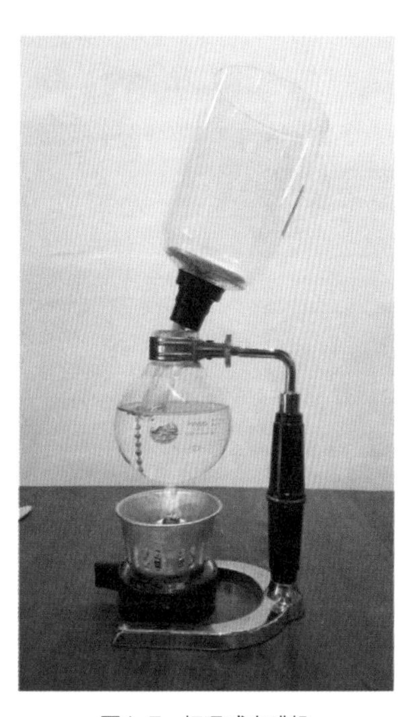

图4-7 虹吸式咖啡机

虹吸式咖啡在台湾的咖啡市场里扮演极重要的角色，早期的咖啡厅、西餐厅提供的咖啡也多是以单品咖啡为主。顾客可以在饮料单里发现各式品种的咖啡，像是蓝山、巴西、曼巴、曼特宁、哥伦比亚等。这种以单品咖啡豆为区分的咖啡饮料都是采用虹吸式来泡煮，其泡煮所需的时间远比现在市面上大行其道的意式咖啡来得久。

虹吸式咖啡壶主要包含了玻璃制的过滤壶、蒸馏壶、过滤器、酒精灯、搅拌棒及主支架等几个重要配件，近年来因防火意识抬头加上设备的演进，酒精灯的部分已经逐渐被电力或是卤素灯取代。杯量的部分又可以依照过滤壶和蒸馏壶的大小，大致分为一杯、三杯、五杯的容量。要冲煮好一杯好喝的咖啡主要的要素有水量、水质、火候、咖啡粉的粗细和分量、搅拌，以及泡煮的时间等。

虹吸式咖啡机的操作方法如下。

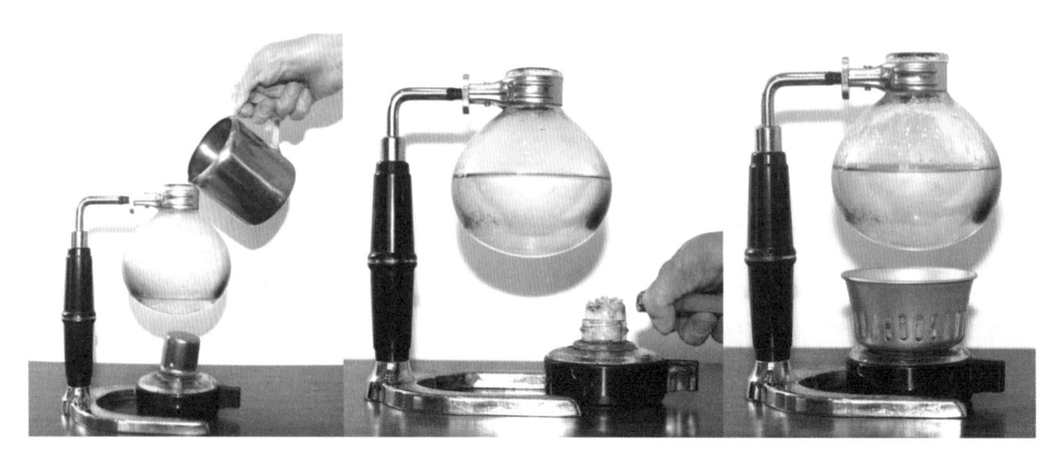

步骤❶ 倒入热水至蒸馏壶（玻璃下球），以大火煮开，待水沸腾（见图4-8）。煮一杯时要加入下球的水量为200毫升，不倒时底水需175毫升，煮二杯时需350毫升。倒完水后将玻璃下球用抹布擦干，否则容易使玻璃破裂。

图4-8 虹吸式咖啡机操作步骤一

步骤❷ 将过滤器装入过滤壶（玻璃上球）。将过滤器的钩子钩住上球（下方玻璃管的底部），再用调棒将过滤器的位置调整到中间的位置，确保咖啡流下蒸馏壶时都能确实经过过滤器，以滤掉咖啡粉（见图4-9）。

图4-9 虹吸式咖啡机操作步骤二

步骤❸ 水沸腾后将上球的玻璃管插入下球，并且把研磨好的咖啡粉倒入过滤壶内（见图4-10）。小心地将玻璃上球斜斜放入下球，确定水不会太滚而喷出时将玻璃上球直直地稍微向下压并同时旋转即可。

图4-10　虹吸式咖啡机操作步骤三

步骤❹ 水上升一半后开始搅拌，搅拌完后开始计时（见图4-11）。倒入每一杯咖啡粉的用量是15克，并开始第一遍的搅拌，搅拌时不要绕圈圈，而是左右来回，由上往下把粉压入水中，使两个不同方向的力量相互撞击。不要搅拌太久，只要使咖啡粉散开即可。

步骤❺ 于25秒时做第二次搅拌，以确保咖啡粉已完全与水充分混合。

步骤❻ 55秒时做第三次搅拌，60秒时关火。

图4-11　虹吸式咖啡机操作步骤四

步骤❼ 关火后立即以湿冷的毛巾擦拭玻璃下球。这样可以让蒸馏壶的温度降低，诱使上壶的咖啡尽快降下来避免和咖啡粉有过长的冲煮浸泡时间（见图4-12）。

图4-12　虹吸式咖啡机操作步骤七

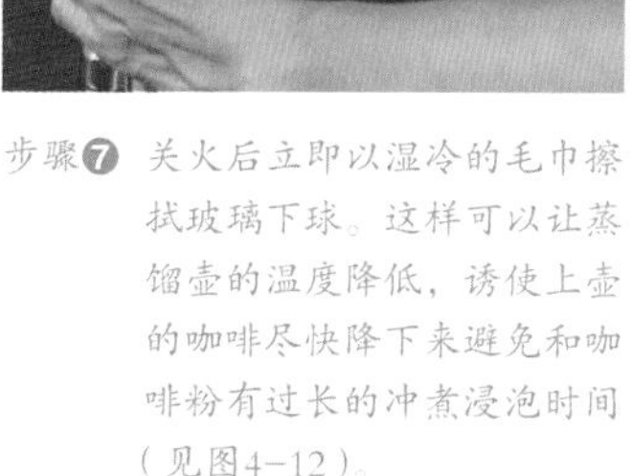

步骤❽ 当咖啡液过滤至下方的蒸馏壶，再将蒸馏壶的咖啡倒入咖啡杯便完成了一杯香醇的单品咖啡（见图4-13）。

图4-13　虹吸式咖啡机操作步骤八

（二）过滤式（冲泡式）咖啡机

过滤式咖啡顾名思义就是利用热水冲煮，透过金属滤网、滤杯（滤纸）或滤布将咖啡粉过滤出来，故又称为“冲泡式咖啡”。冲泡式咖啡可分为日式及美式冲泡咖啡。

金属滤网是目前已知的最好过滤方式，它可以让大部分可溶解的精华流过滤网，阻隔不好的物质，缺点是售价较贵，优点则是可以重复使用，并且避免有咖啡以外的味道产生，长久来看颇值得投资。

滤纸则是最方便的过滤工具，可用完即丢，感觉上比较卫生。滤纸同样也能够过滤掉大部分的杂质，唯收藏时必须谨慎，须避免受潮或吸附上其他的味道而影响了咖啡的风味与品质。

滤布是以前较传统的过滤工具，当时多用在大量的咖啡冲煮。过滤杂质和咖啡渣的效果不如金属滤网和滤纸，尤其是难以清洗保养，目前已式微。

■日式冲泡法

日式冲泡可以是小量单杯的方式冲泡，目前常用的做法是手冲咖啡，常见于个人冲泡享用。近两年日式冲泡法有再次引起热潮的趋势。手冲咖啡系咖啡师通过长年的经验，讲求调整自身的手感以控制热水流出的速度；此外，手冲壶本身的质感和造型也是咖啡喜好者观赏把玩的元素（见图4-14），壶嘴的弧度和出口的大小则是设计的重要关键，使切水更顺手也让整体更具美感。

图4-14 手冲细口壶

日式冲泡现已非常普遍，尤其是滤挂式日式冲泡常见于上班族个人冲泡享用，其步骤如下。

步骤❶ 先将准备好的滤纸放入滴漏中，再将研磨好的咖啡粉放入滤纸当中（中等研磨度，一人份量约12克）。

步骤❷ 将煮好的85℃开水由中心点轻轻缓慢倒入，再缓缓地以螺旋的方式（通常顺时针方向较顺手）由中心点往外倒入热水，让咖啡粉末和开水完全渗透。此时咖啡粉末会开始膨胀并且慢慢下陷，等待25秒后才倒入第二次热水。

步骤❸ 注入第二次热水，咖啡粉末会再度开始膨胀，热水会开始穿透咖啡粉成为咖啡，并由下方滴漏到杯中。

步骤❹ 当上方的咖啡完全渗透滤纸流到咖啡杯后即可将滤杯移开。

个人冲泡式咖啡须注意倒入水量的多寡，太多时咖啡味稀薄清淡，太少则过度浓郁且苦味强。

■美式冲泡法

美式冲泡咖啡机可说是国人最为熟悉也最广泛被引用的咖啡机了（见图4-15）。除了出现在一般美式餐厅、速食店、饭店自助早餐、机场贵宾室，在一般会议供应的茶点上也都可以看到美式咖啡机的踪影。美式冲泡咖啡机也常于许多家庭中出现。不论是自行购买、抽奖奖品、年终厂商赠送等，便宜好用且不占空间的美式咖啡机总是首选之一。目前甚至有厂商推出三合一早餐机，兼具了美式冲泡咖啡机、煎蛋、烤吐司的三种功能，而且多半还具有咖啡保温功能，相当贴心。

图4-15　美式冲泡咖啡机

不论是哪一种形式或大小的美式咖啡机，用法都很简单，主要的步骤如下。

步骤❶　先将适量的净水倒入咖啡机的盛水容器内。
步骤❷　将滤网取出置入滤纸，并且将研磨好的咖啡粉倒在滤纸里。
步骤❸　将滤网放回咖啡机，接上电源启动开关。
步骤❹　机器开始加热煮水，当水沸腾后会自动流入滤网中。
步骤❺　热水进入滤网与咖啡粉混合后，再滴入下方的咖啡壶中保温。

煮好的咖啡进入咖啡壶后虽然具有保温功能，还是建议尽快享用，以免变酸变质，影响咖啡风味。

（三）加压式意式咖啡机

加压式意式咖啡机可分为全自动与半自动。

■全自动式意式咖啡机

所谓的全自动式的意式咖啡机（见图4-16），顾名思义只要按下一个按键，机器就可以依照原厂专业人员的设定萃取煮出一杯意式咖啡。而这杯咖啡不单可以是一般的意式浓缩咖啡（Espresso），也可以通过机器自动蒸热牛奶及打发奶泡的功能，制作出一杯拿铁、卡布奇诺等带有牛奶或奶泡的花式咖啡。

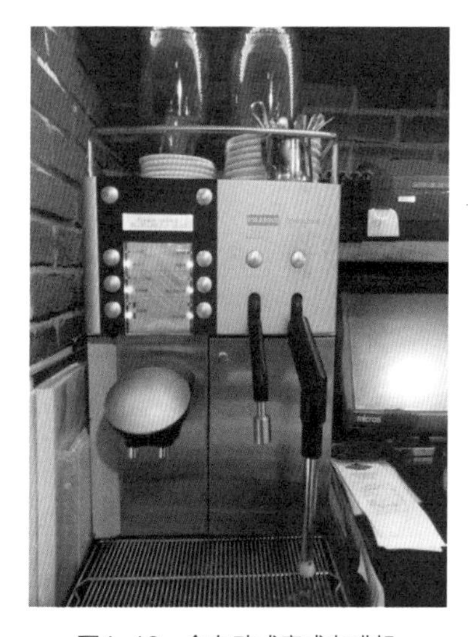

图4-16　全自动式意式咖啡机

全自动咖啡机的主要功能如下。

①储存咖啡豆及磨豆的前置准备功能、煮热水、保温，以及产生蒸汽的加热功能。

②能自动填压咖啡粉、下热水煮出一杯咖啡，并且视需要加入适当分量的牛奶、奶泡的萃煮功能。

③能自动清除咖啡渣、清洗滤杯，以及具有收集咖啡渣的后勤功能。

■半自动式意式咖啡机

半自动式咖啡机可以说是目前市场上咖啡机的主流，一方面是因为消费者刻板的印象，觉得全自动咖啡机煮得没有半自动的好喝；另一方面是由工作人员于现场通过多道手续操作萃煮出来的咖啡，在消费者眼里仿若是个表演，同时也增加了咖啡的潜在价值，让消费者愿意付出更多的价钱去换取一杯完美的咖啡饮料。市面上从国际大品牌星巴克到本土连锁品牌，甚至是泡沫红茶店里兼卖的咖啡饮料，都是采用半自动的咖啡机型。

■全自动及半自动式意式咖啡机的差异

要区分全自动及半自动式意式咖啡机可以从功能上来判别。

半自动式意式咖啡机	要另备磨豆机（见图4-17），烹煮的时候需要人工填粉、填压，锁上滤器握把后萃取咖啡的量会依照设定的量跟按键，煮到定量时自动停止。
全自动式意式咖啡机	磨粉、分量、下粉、填压都在机器内部自动进行，当萃取量到达设定值时也会自动停止，功能完善一点的还必须具有自动发泡功能等；此外，奶泡量的粗细还可以自动调整。

全自动及半自动式意式咖啡机的差异，简单来说，台湾看到咖啡机跟磨豆机分开的都算是半自动（见图4-18），而咖啡机有内建磨豆机，煮咖啡只需要放杯子按按钮的就是全自动。这种全自动方便操作的意式咖啡现在也常见于一些自助或是半自助式的餐厅，提供

图4-17　咖啡磨豆机

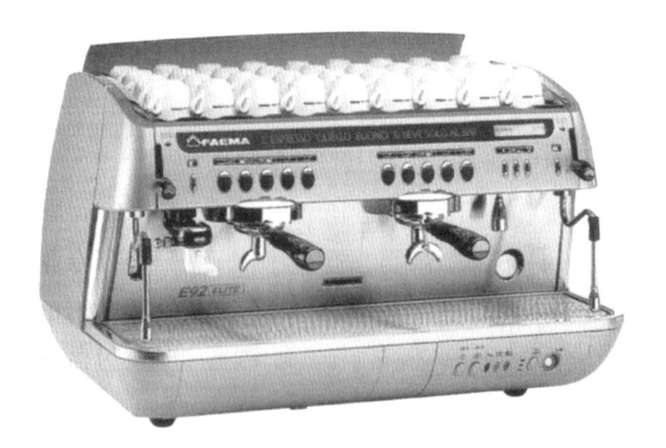

图4-18　半自动式咖啡机

客人在餐后自行按按钮选用想喝的咖啡饮料。近年来随着机器开发成本的降低，以及机器本身尺寸和产能的多样性，有些咖啡机厂商甚至免费提供机器到各大企业公司的办公室，借以销售其代理贩卖的咖啡豆及周边商品。

严格说来，全自动式咖啡机的咖啡品质是优于半自动式的。因为国外会用全自动设备的商家，都会伴有专业的后勤服务。虽然说台湾的咖啡机代理商也都有很好的专业服务和后勤的零件支援，但主要还是须依赖餐厅店家对咖啡品质的要求是否够高，进而带给维修人员更多的督促和对咖啡品质的要求。咖啡机一旦疏于保养，则不论是热水温度、压力大小、咖啡豆的研磨粗细度、水量等关键要素都容易产生偏差，煮出来的咖啡自然也不会好喝。如果能够频繁地检视咖啡机的各项重要关键，其实全自动咖啡机甚至能比半自动的咖啡机所萃取出来的咖啡品质更稳定。因为机器对于标准化产品的维持，远比人工操作来得精准。

①全自动式咖啡机的定粉量可以设定到以100毫克为单位，人工则至多只能进行目测，误差较大。

②全自动式咖啡机可以设定填压力道，更好的机型甚至在萃取中还能动态调整二次填压。

③用全自动式咖啡机，每一杯萃取时的温度、压力、水量、粉量、填压力道几乎完全一样。

用一台好的全自动咖啡机其咖啡品质是可以超越半自动机型的。因为就算技术再好，半自动顶多只能有90%的稳定性，全自动则可以达到近99%。如果您是选购全自动咖啡机的餐厅业者，要多用心保养设备，以免辜负了设计者的用心，浪费了咖啡机萃煮咖啡的完美潜力。

台湾许多饭店的自助餐餐厅以往多使用简单的美式咖啡机供客人自行取用，最近几年碍于竞争，多已逐渐升级使用全自动式咖啡机，除了提升咖啡的品质，同时也避免了美式咖啡机煮好因保温过久，产生质变的负面影响。

三、葡萄酒分杯机

葡萄酒分杯机（见图4-19）又称葡萄酒分酒机（Wine Dispenser），是近年来在市面上越来越常见到的吧台设备。这种机器顾名思义可以将每瓶葡萄酒按照需求设定每次出酒的酒量；大体来说，葡萄酒上机之后分为两种出酒的方式：一种是已设定好每个按键的出酒量；另一种是以按压出酒键

图4-19　葡萄酒分杯机

的长短来决定出酒量。这种机器的运作原理是将氩气充入瓶内，利用其高纯度惰性气体比空气重的原理，使酒瓶内葡萄酒液面与空气隔离，防止葡萄酒被空气中的氧气氧化，进而发挥保鲜作用，对于有提供单杯葡萄酒的场所，这种方式也可以延长已开瓶葡萄酒的寿命，降低葡萄酒的耗损量。对于出酒口的部分，机器也有自动吹干的功能，避免残留的酒液影响下一杯葡萄酒的品质。此机器还能进行分区保温，酒瓶区的温度可以设定在3~33℃，例如红酒的适合温度为18~20℃，白酒则最好能维持在5~7℃，这些要求都可以在同一台机器内达成。

机器内部也会提供照明的功能，客人可以清楚看到想要挑选的酒款。目前市面上一台机器可以选购放置2~16瓶不等的葡萄酒瓶数。葡萄酒分杯机会因外观的材质，例如钢琴烤漆、智能触控面板，以及内装瓶数的多寡在价格上有很大的差异。高档货如意大利进口的葡萄酒分杯机要价可达15万元（人民币）以上，对餐厅业者而言，几乎是专业顶级蒸汽烤箱之下的第二高价的餐饮设备了。

除了专门设计给单杯葡萄酒的分杯机，在贩卖葡萄酒的场所中我们常会见到具有恒温功能的酒柜（见图4-20）。通常来说，营业场所的恒温酒柜会选择以压缩机制冷的酒柜，其稳定性相较于其他晶片式机种要来得高，制冷效率也较好，当然价位也相对可观。其主要优点为较不受环境温度的影响，因此在温度较炎热的地区也可以使用，控温的范围较大，可介于5~22℃，但因为是使用压缩机制冷的缘故，会有噪声及振动的问题，故在选择放置地点时，要考虑压缩机的声音，以不影响客人为主要原则。

图4-20　恒温酒柜

恒温酒柜为求其恒温的首要考量，大型的高档货甚至有如一间藏酒室，例如台北寒舍艾美酒店的“北纬二十五”入口处便建有一间高档漂亮的藏酒室，算是经典之作。人员可以走进藏酒室内，并且有标榜以红外线高密度对柜内多数的酒瓶瓶身进行远端测温、调节控制压缩机的效能，以确保高价红酒的品质稳定。恒温酒柜在湿度控制方面能确保这些红酒处在不过于潮湿的环境中，致使酒瓶标签和软木塞受潮发霉，影响卖相和红酒品质。因为湿度过低或过于干燥有可能造成软木塞干裂，使空气进入酒瓶内，致使红酒氧化变质甚至损坏。

四、制冰机

制冰机（见图4-21）通常会在进水口先安装净水器，确保制作出来的冰块是可食用的。营业单位可以依照自身的营运量和对冰块的需求量选择机型的大小，甚至是冰块的形状，制冰机的规格主要是以冰块的日产值作为依据，小则60磅（约27.2千克），大则高达500磅（约226.79千克）。冰块制作完成后会自动掉落至储冰槽内，槽内的上方靠近制冰处则设有一个感应器，通过设定可以让冰块储存于一定的存量后暂时停止制冰以节省能源。

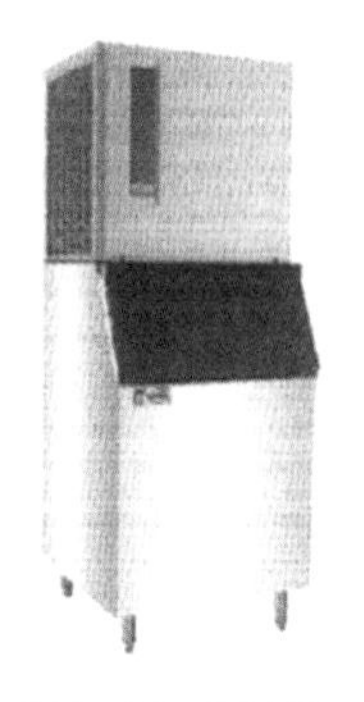

图4-21　制冰机

制冰机依散热的方式分为水冷或气冷。

①水冷型的机器主要是利用水的循环，由大量的冷却水将热能带出，达到降低冷凝温度的目的，故不需要太大的散热空间，可设置在较密闭的场所，但是要注意冷凝水排出的方式，最好可以直接排入水沟，避免造成过量的水溢出。

②气冷型的机器则是使用电能作为能源，可节省下水源花费。气冷型的运作原理是运用风扇的转动带出热能，须设置在通风条件较好的场所，否则易因为散热不良降低机器效能。在电费上的花费也会比水冷型的机器来得高。

近年来有鉴于食品安全意识加强，有些餐厅已不再采购制冰机，以避免维修保养时更换滤心及管线的困扰，或是稍有不慎易发生细菌数超标的问题，现多转为向专业制冰工厂采购，由专业的厂商提供的制品在品质上也较有保障。

五、调酒储冰槽

选择冰槽时最好可以选择保温效果良好的冰槽。调酒储冰槽通常为两层式，中间填塞有保冷隔热棉，用来延长冰块融化的时间，也同时避免冰槽外体表面产生水滴。在功用性方面，建议选择中间置隔板片，可任意调整间距且是上开式对拉门板的冰槽（见图4-22），原因是隔板片可以将冰槽隔成两格或是三格，用于储放冰块或是碎冰，而对拉门板则是方便拆卸且具有保护作用，例如可防止破碎的玻璃器皿直接掉入冰槽中。

图4-22　上开式对拉门冰槽

最后，在冰槽的部分需考虑的要素为排水，过细的排水管，尤其是软管，容易造成堵塞或是产生细菌及水苔，皆会产生食品安全风险，故除了水管口径大小须特别留意外，也建议使用PVC或是金属材质的水管。

通常在调酒储冰槽附近都会设置汽水枪跟置瓶槽。汽水枪也可称苏打枪（见图4-23），其原理跟市面上看到的汽水机相同，只是将它缩小化，方便吧台人员制作饮品，也可节省吧台空间。汽水枪可以整合碳酸饮料和非碳酸饮料，业主可以依照菜单上的饮品种类决定要使用几孔的汽水枪，通常内置有两至三种的碳酸饮料，其余则为饮用水及苏打水。在汽水枪的保养上，最需要注意的是要请厂商定期来调整糖浆、二氧化碳及水的比例，确保注出的饮料符合当初要求的甜度。另外，糖浆桶储藏的位置建议勿离汽水枪太远，过远的距离容易在清理时造成管线内部糖浆的过多浪费。

置瓶槽（见图4-24）常见于酒吧、美式餐厅或是具有正式调酒功能的吧台，其目的为摆放一些调酒常用的基酒或糖水，让吧台人员可以随手取得以提高工作效率。通常是直接将不锈钢置瓶槽焊接在工作台，靠近吧台内部的立面上。宽度可以按照店家需求，通常会建议至少可以摆放8~12瓶基酒的宽度，深度以酒瓶瓶身2/3左右的高度为基础，以方便拿取为原则；在高度的部分，置瓶槽底部的高度离地面约40厘米，即让酒瓶瓶颈的高度约在吧台人员的大腿位置，方便人员无需弯腰就可拿取使用。

置瓶槽为频繁使用的区域，清洁工作一定要做到位，置瓶槽的底部可采条状镂空的方式，让酒瓶不会掉落即可，目的为方便清洁及防止积水。酒瓶的部分最好每天擦拭，每日闭店之后，酒嘴的部分可用酒嘴套覆盖，或是以保鲜膜包覆。

六、冰沙机

市面上有很多不同款式的冰沙机（见图4-25），主要用其扭力、材质以及功能性作为区别。冰沙机的扭力可以弥补普通果汁机的不足之处，主要的功用就是可以将冰块打成沙状，故称为冰沙机。

冰沙机的扭力来自于电机的转速，转速越快打出来的产品就越绵密，使用者可以依照想要的绵密度调整转速，有些进阶的机种还贴心地帮消费者设定好转速及搅拌时间，甚至是搭配触碰式面板。另一个影响冰沙绵密程度的因素则为钢刀，目前市面上的钢刀

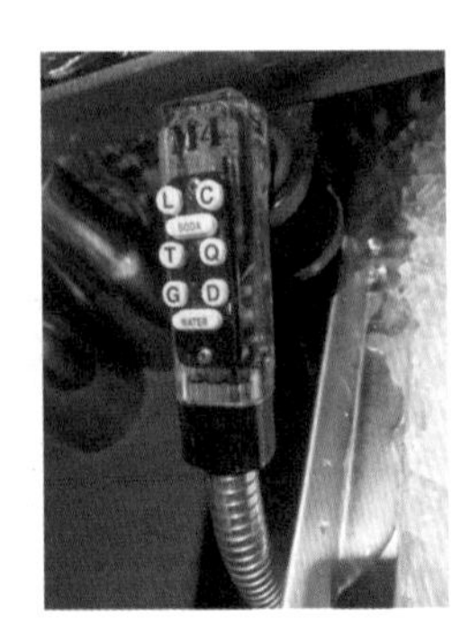

图4-23 汽水枪（苏打枪）

图4-24 置瓶槽

图4-25 冰沙机

皆以不锈钢或是钛合金的材质为主，钢刀的片数越多、厚度越厚，打制出来的冰沙也会更绵密，也可绞碎较坚硬的食材。另外也可以选购有搭配外罩的冰沙机（见图4-25），可减少噪声的产生，特别适合设置在需要频繁使用或是较安静的营业场所。配件的部分也可以选购附有搅拌棒的设计，其主要功能为增加导流，特别是在搅动水分较少的食材时，可以确保食材都能均匀地搅拌。

除了冰沙机，类似的机器也有像图4-26的奶昔机，其主要功能除了制作奶昔，也可作为快速搅拌调酒或是其他液态食材之用，例如作为调制鸡蛋或面浆的机器。

图4-26　奶昔机

七、置杯柜

吧台内除了规划放置杯具的空间，业主也可以考虑采购较专业的冰杯机（见图4-27）。专业冰杯机的特性为可以将洗杯架连同架子一并放入冰杯机，需要使用杯子时能直接取用冰镇过的杯子，或者也可以采购开口式的饮料柜（见图4-28），这种冰箱除了可以容纳各式形状的杯具，还可以将瓶装饮料冰镇其中。开口式的饮料柜拉门以及不锈钢材质的设计可提供较好的保冷效果，也方便清洗。

图4-27　冰杯机

图4-28　开口式饮料柜

八、水槽

设置水槽时最需要注意的就是排水，排水管的口径大小须与出水孔相容。水槽的部分因为会频繁的清洗与放置玻璃杯具，故在选择时需考虑容量的大小，以及挑选底部较为平坦的水槽，如此可避免忙碌时过多的杯具倾倒或是破损。另外，目前市面上有贩售可吸附在水槽底部的杯刷组（见图4-29），分为自动与手动，建议购买至少有三个刷头以上的刷组。刷洗过程是将脏的杯子插置在中间刷头，在旋转清洗杯内的同时，左右两边的刷头同时会刷洗杯子的外缘，这样一来可

图4-29　可吸附于水槽之杯刷组

以加快清洗杯子的速度，也可以在脏杯放入洗杯机清洗前预先做简单的刷洗。

九、洗杯机

如果你是在一个有洗杯机（见图4-30）的吧台里工作，那恭喜你，光是这点你就比其他人轻松很多了。吧台独立设立一台洗杯机的好处除了省时省力，还可以避免因为与餐具使用同一台洗碗机造成油垢或水渍残留在杯上的窘境。在人力及时间成本上，也可省去吧台人员花费大量时间人工进行杯具的清洁。在使用洗杯机时，要随时注意药剂的比例是否正确，每天也要定时更换洗杯机内的内循环热水，避免因为药剂比例失调或内循环热水过脏，导致洗出来的杯子有不洁的现象。

图4-30 洗杯机

第四节 吧台的器具设备与各项杯具介绍

上述几节分别概述了规划吧台时应该注意的事项及设备的介绍，在我们用尽心血与金钱，好不容易将心目中的吧台建置完毕后，最后就是如何妥善地使用及维护，这样才能让所有的吧台设备都符合可以使用的年限，让投资不致化为流水，省下许多不必要的花费。不管是每日或是定期的清洁，经营者都必须做好规划跟监督的工作。定期盘点及员工培训更是不可或缺的一环，每一位工作人员都必须清楚明了自己的工作职责，尤其是使用设备上的工作安全，千万不要因为一时的疏忽造成人员与金钱的损害。

本章介绍了许多吧台规划时需要注意的事项，相信每一位经营者都希望在缜密地规划所有细节之后，可以顺利地开业、运营，特别是获取利润，但往往实际经营时总是会有很多预料之外的状况发生，这些状况都在考验着经营者是否能冷静地面对，妥善处理危机并做出最适当的决定。以下是杯具和各项吧台器具设备简略的图示介绍。

一、利比（Libby）杯子的规格

杯子的名称和规格见表4-1。

表4-1　杯子的名称和规格

商品	中文说明	英文名称	容量/oz
	利口酒杯	Liqueur	2
	果汁杯	Juice	8 1/2
	烈酒加冰块用杯（一般）	Rocks	9 5/8
	烈酒加冰块用杯（加大）	Double Old Fashioned	11 3/4
	高球杯多功能用途	Hi-Ball	9
	多功能用途（可当水杯、软性饮料或调酒用杯）	Beverage	13 1/2
	雪利酒用杯	Sherry	3 3/4
	白兰地用杯	Brandy	9
	鸡尾酒杯／马天尼杯	Cocktail	7 1/2
	长笛香槟杯	Flute	6
	红酒杯	Red Wine	8 1/2
	白酒杯	White Wine	8
	马格丽特杯	Margarita	9
	长笛香槟杯	Tulip Champagne	6

续表

商品	中文说明	英文名称	容量/oz
	长笛香槟杯	Tulip Champagne	9
	正统香槟杯（用于外交国际场合及香槟塔堆迭）	Champagne	4 1/2
	冰茶杯	Iced Tea	16
	高款冰茶杯	Tall Iced Tea	16
	啤酒杯	Beer	12
			10
			12
			14
	高款啤酒杯	Tall Beer	14
	爱尔兰咖啡杯	Irish Coffee	8 1/2
	飓风杯（通常为果汁用）	Hurricane	15

续表

商品	中文说明	英文名称	容量/oz
	烈酒一口杯	Shooter	1 7/8
	龙舌兰一口杯	Tequila Shooter	1
			1 1/2
	美制中型含架长啤酒杯（高度半码）	Half Yard of Ale	25
	小型醒酒器	Cocktail Decanter	6
	醒酒瓶	Wine Decanter	34.16
	醒酒瓶	Cellini Decanter	27 3/4
	醒酒瓶	Vintage Decanter	43 1/4

续表

商品	中文说明	英文名称	容量/oz
	各式马克杯	Beer Mug	12~20

二、吧台设备及器具介绍

吧台设备和器具的名称、规格及说明见表4-2。

表4-2 吧台设备和器具

商品	名称	规格	说明
	铝三五压汁机（特大）	特大	压橙汁或柠檬汁用器具
	UK挖冰勺	#8	冰淇淋勺
	S/S强力挖冰勺	#12.#16	不锈钢材质，强力冰淇淋挖勺
	瑞制S/S奶油发泡器	§ 8×H24cm	搭配压力气瓶可以将倒入的液态鲜奶油以发泡的方式喷出

续表

商品	名称	规格	说明
	咖啡冲架／小	L18× § 18cm	将研磨过的咖啡粉放入布袋内，再冲热水制作滤泡式咖啡
	美制果汁机（不锈钢上座）	1320mL	商用冰沙机上座可选择亚克力或金属材质
	美制果汁机（压克力上座）	1320mL	
	冰沙调理机	2.7hp（马力）／110V／12.5安培／37000r/min	高速搅拌机搭配可碎冰块的搅拌刀片以调理冰沙饮品，可选购外罩以降低运作时的音量
	美制旋转开罐器	L22cm×W5cm	旋转式开罐头用器具
	美制调味瓶组	§ 9×H34cm (960mL) 1QT	可存放果汁饮料附盖，也可装上瓶嘴。倒出时可数拍子计量倒出的分量
	刮皮器	L14cm	简易水果刮皮器
	刮皮器／不锈钢	L14cm	
	日制SWPC冰铲／大	1100mL	各型冰铲应在制冰机外挂附冰铲盒放置冰铲，避免将冰铲留置于制冰机的冰槽内以免发生污染
	铝制冰铲	12oz	
	S/S双层冰桶	§ 14×H14cm 附S/S冰夹	具简易保温功能供使用者自行取用
	王样S/S如意夹（小）方头	L19×4.5cm/18-10SS	各型冰夹前端锯齿状对于夹取冰块的牢固度较佳
	日制SW冰夹	L150mm	

续表

商品	名称	规格	说明
	意大利圆型细口咖啡壶	250mL	除了装咖啡也可用来盛装各种调味酱汁
	量酒器	不锈钢材质 H5.6cm	分上下两种不同容量，各为1oz及0.5oz
	滤冰器		将弹簧端套入杯口再倒出饮料可以隔绝冰块。弹簧伸缩的功能在于适用不同口径的杯口
	苏打枪	8键	由厂商提供并安装，连接糖浆桶及二氧化碳气瓶，透过不同按钮流出不同口味的饮料
	雪茄专用烟灰缸	∮15cm	专为雪茄设计，孔径较大，烟灰缸本身的半径也较大
	花式调酒用瓶	H28.5cm	为练习花式调酒抛瓶专用的练习瓶
	冰酒桶	H74cm	用于客人桌边摆放，使用时需加入适量冰块及水，以冰镇白酒、香槟或冰甜酒
	雪茄保存柜	H170cm / 110V 单门4层可调式层板	附有控制湿度的设计可存放大量雪茄，外部有湿度计可做观察
	吸 / 打气两用机	H50cm / 110V	可打气用于开瓶未喝完的香槟塞上橡皮盖及铁扣后打入气体避免香槟消气。对于开瓶未喝完的红白酒也可以在塞入橡皮塞后，利用这台设备吸取瓶内空气让酒质保持良好
	雪茄用打火机	H13.5cm	蓝火高温且具防风功能。可重复填充燃气

续表

商品	名称	规格	说明
	雪茄专用剪	14cm	抽雪茄前需利用雪茄专用剪刀在雪茄头弯弧处剪出一个吸口
	调酒搅拌匙	32.5cm	两头分别是叉和匙，是调制鸡尾酒饮料的器具，可搅拌，小匙可用于试喝
	调酒摇杯	杯身容量10oz. 全部容量18oz.	常见的调制饮料器具，可用于摇晃混合饮料及过滤冰块，有多种容量尺寸可供选择
	葡萄酒储藏柜	+4~22℃ / W1290 × D633 × H1770mm / 220V / 2.28A 容量：150瓶，12层	机种大小有多种选择，可存放12至90瓶，可保持恒温恒湿，让葡萄酒得以保存多年不变质
	饮料冷藏冰箱		机种大小有多种选择，透明玻璃方便寻找拿取，内部层架可调整
	商用全自动意式咖啡机		特点是不需手工打发奶泡，咖啡机可自动快速地制作花式咖啡
	各式磨豆机	110V / 0.7457kW / 9A W18 × D40 × H68cm	有多种规格容量机型可供选择。可依个人喜好口感，调整研磨粗细度
	雪泥冰沙机	110V / 0.7457kW / 11A W40.6 × D62.2 × H81cm	通用于一般店家商场或活动会场

续表

商品	名称	规格	说明
	热巧克力机		利用热水冲泡巧克力粉，以电力为热源，内部有搅拌棒不断搅拌，避免沉淀造成口感不均匀
	果汁机	W40.6×D60×H80cm	具有内部循环及冷藏功能，以电力为压缩机提供动能
	商用半自动式意式咖啡机（3把）	3把手、5快速键 § 200mm铜制锅炉（16.5L）230V / 50–60Hz / 4000W	典型意式咖啡机，利用内建热水及气压锅炉让热水通过咖啡粉以萃取意式咖啡。再利用蒸汽棒将鲜奶打发使之气泡绵细，即可调制完美的意大利风味花式咖啡
	商用半自动式意式咖啡机（单把）	单把手、5快速键 § 200mm铜制锅炉（5.8L）230V / 50–60Hz / 2100W	典型意式咖啡机，利用内建热水及气压锅炉让热水通过咖啡粉以萃取意式咖啡。再利用蒸汽棒将鲜奶打发使之气泡绵细，即可调制完美的意大利风味花式咖啡
	商用全自动式美式咖啡机（附保温座）		利用内建热水淋过咖啡粉滤泡出来的美式咖啡，上方附有两个保温座放置咖啡壶。每壶可保存12杯
	商用全自动式美式咖啡机（附保鲜器）		将美式咖啡粉予以封包，避免与空气接触而丧失咖啡风味
	商用冰茶机		利用冰水淋在柠檬红茶粉上，冲泡出柠檬风味红茶，具有保冰功能
	智慧型茶 / 咖啡机		利用内建冰水淋过专用的冰咖啡粉或柠檬红茶粉，冲泡出冰咖啡或冰茶
	鲜奶发泡器	400mL 600mL	用以盛装鲜奶，以意式咖啡机的蒸汽棒打发鲜奶，使奶泡膨胀绵密

续表

商品	名称	规格	说明
	冷饮壶	1500mL	盛装饮水、果汁、牛奶、豆浆等各式冷饮，常见于饭店早餐自助餐台上
	烟灰缸		玻璃制品，为通用型烟灰缸
	气氛烛台		为一造型玻璃管，采用中空及两边开口设计，用来罩住蜡烛以创造气氛

Chapter 05 第五章

厨房设备与器具

第一节 概述

厨房是一家餐厅的生产重心，厨房内举凡路线规划、设备挑选、摆放位置、空气品质、照明、温湿度控制及卫生管控等，都关系着整体的生产品质和效率。而厨房设备的挑选则有以下几个因素来作为参考。

一、餐厅类型

餐厅的类型可分为工厂、学校或军队的大型团膳餐厅、自助式餐厅、一般餐厅、简餐咖啡厅、速食店、便当店等各种营业形态。不同的营业形态除了直接关系着用餐人数的多寡，也会因为营运形态的不同而有不同的设备采购考量。例如大型团膳餐厅着重各种设备的生产量，除了能够同时制备大型团体用餐所需的分量，能源及设备效率的考量也不能忽略。而一般的简餐咖啡厅所提供的点餐可能多属于半成品餐点，例如引进调理包让现场人员只做加热或最后的烹饪动作，因此，采购的设备也多属于小型且功能简单的烹饪设备。

二、餐点类型

餐点的类型指的就是菜单内容。除了可概分为中式、日式、西式等餐点外，也可能因为菜单上的产品组合有所不同，在采购厨房设备时就会考虑到将来的功能性是否能满足需求，或是设备未来的扩充性。例如现在坊间多数的便当店都习惯将鸡腿饭、排骨饭、鱼排饭等热卖商品以油炸的方式来烹调，在油炸炉的选择上就必须更加谨慎，以免因为产能不足或故障频繁而影响运营。

三、能源

设备的能源主要为电力及燃气两种，并且各有其优点和缺点。坊间各种厨具的生产也多半同时设计电力系统或燃气系统供餐厅业者选择。

（一）电力

电力的优点是干净、安全、无燃烧不完全的疑虑且能源取得容易；缺点则是加热效率较不如燃气火力、电费较昂贵，并且容易因台风、地震或邻近区域的各种因素造成断电或跳闸，影响厨房生产。此外，电线亦容易遭虫鼠噬咬破坏，或者因为线路受潮而频频发生跳闸。

（二）燃气

燃气的优点是便宜、加热效率高；缺点则是容易造成燃烧不完全引起安全疑虑。有些地区因无燃气管线的配置，所以需采购燃气钢瓶，但其容易有燃气能源中断以及更换燃气钢瓶的麻烦。

四、空间

一般来说，大部分的厨具尺寸在设计时会尽可能缩小（多半是在宽度上缩小，因为高度和深度仍必须符合人体工学的舒适度），但是尺寸其实也间接影响了设备的生产效能。例如冷冻冷藏设备的尺寸直接影响内部存放空间，炉具也可能因为尺寸的不同有二、四、六、甚至八口炉的规划。所以在选购时要兼顾空间和制作量的需求，才不会有空间浪费或造成生产效率过低与闲置的情况发生。

五、耐用性及维修难易度

耐用性可说是所有采购者和使用者最关心的一件事。频繁的故障或过短的设备寿命，除了花钱也徒增许多困扰。因此，在可接受的预算下采购品质信誉良好的品牌是必须的，而后续维修的效率及零件取得的难易也是重要的考量。现今因为厂商竞争加上整体经济环境不佳，有许多厂商往往因为业绩问题而歇业，造成后续维修求救无门的窘境。厂商对于材料库存量不断地压低也影响了维修的效率，这些因素都是在采购时值得预先评估的。

六、安全性

安全性的确保有两个重要的关键因素，一是设备设计上的安全措施，这是在采购时要留意的项目之一，也是厂商设计开发时很重要的一个课题。另外一个关键因素，则是有赖餐厅业者通过持续性严谨的教育培训，来避免意外发生。

以燃气能源的设备来说，多半会有燃气渗漏的侦测器。一旦发现燃气燃烧不完全或外泄便会自动关闭设备及燃气开关，直到状况排除为止。又如食物搅拌机为避免操作人员的手尚未完全离开机器就开始运作而造成伤害，多半会有安全设计，例如加盖并且吸附上电磁开关的磁铁后才能启动，以完全杜绝意外发生。

教育培训的落实执行也是重要的一环，对于较复杂或危险性较高的设备，可指定少数经过完整训练的专人或主管才能操作，以避免发生意外。

七、零件后续供应

若想避免将来零件供应中断造成设备无法继续使用的窘境，有效方法莫过于购买市场占有率较高的知名品牌。只要市场占有率高，设备供应厂商的营运自然较为稳健，能够永续经营的概率也相对较高。即使将来不幸厂商结束代理，这些知名的设备品牌也较容易再找到新的代理厂商，让后续的维修服务及零件供应能够不受影响。再者，就像汽车零件或各式套件一样，越是畅销的品牌越容易在市场上发现副厂的零件。选用副厂的零件虽然保障不如原厂来得稳当，但是通常在品质上还能有一定的水准，价格上也较原厂便宜。

八、卫生性

要确保食品在制作烹饪的过程中保持不被污染，除了工作人员勤于洗手、穿着符合规定的制服、厨帽、口罩等，烹饪设备的清洁维护也是很重要的一环。因此，在选择各项厨房设备时，除了要考虑设备的功率、效率、功能及外型等各项因素，表面的抗菌性、设备外观设计是否没有死角方便擦拭消毒、内部角落是否易于清洗不致藏污纳垢等，也是非常重要的考虑因素。此外，重要的核心零件是否防水或有经过适度的保护，让机器容易冲刷也是考量的因素。

第二节　厨房设备介绍

一、准备区前置生产设备

准备区的各项设备包罗万象，主要以食材处理为大宗。举凡削皮、研磨、切片、搅拌、脱水等功能都是常用的准备区设备，目的不外乎提高效率、减少人工的浪费以及降低危险。让机器设备来处理除了可提升效率，对于规格的一致性也能有效确保，例如切片机能够确实掌握切下来肉片厚度的一致性。

（一）洗菜机

图5-1所示是扎努西（Zanussi）专业的蔬菜洗涤机，全机采用不锈钢制作，并且拥有完善的抗菌功能，机体中的洗涤槽有四种不同形式可供餐厅选择。这台设备主要是提供学校、军队、大型自助餐厅、中央厨房使用，洗涤量大、耗水少、耗电低，并且符合各项国际认证。

图5–1　洗菜机

（二）蔬菜洗涤及脱水机

图5-2所示设备同样采不锈钢制造，并且拥有良好的抗菌表面。可同时对6千克的蔬菜进行洗涤及脱水，相当适合叶菜类的前置作业。主要的洗涤目的是将附着在蔬菜上的泥土、灰尘、虫卵和农药洗净。对于球形果实类的蔬果，例如马铃薯、苹果等，可直接放入

机器内；但是对于菜叶类的蔬菜，例如圆白菜、莴苣、生菜叶等，则须先经过人工适当的裁切及挑选后，再放入机器中进行洗涤。机体的操作时间设有定时器，并且设计安全开关，当上盖被开启时，运转中的机器会立即断电停止运作，以维护工作人员安全。

（三）马铃薯削皮机

许多西式餐厅因为马铃薯泥的用量大，多半会采购马铃薯削皮机（见图5-3）。主要功能有洗涤、冲洗、削皮，上盖设计有一个透明视窗，让工作人员能够随时检视削皮的进度（见图5-4）。大型的削皮机用于大型中央厨房，可以在一小时内处理高达400千克的马铃薯。而一般小型供普通餐厅使用的削皮机也都能有25千克的产能效率。此外，如果采人工方式削皮，通常会有20%的耗损，而通过削皮机则能将耗损降低至5%。

（四）多功能蔬菜调理机

多功能蔬菜调理机（见图5-5）配置有各种不同形式的刀片，能快速地将蔬菜切成丝状、泥状、片状或丁状（见图5-6）。主要是针对未经烹饪过程的各式蔬菜，例如洋葱、马铃薯、胡萝卜、白萝卜、胡瓜、包心菜、生菜、圆白菜等。全机多半为铝合金制作，并且有良好的防水功能，避免电机等机件因为冲洗而故障，刀片则有各种不同形式可供选购，

图5-2 蔬菜洗涤及脱水机

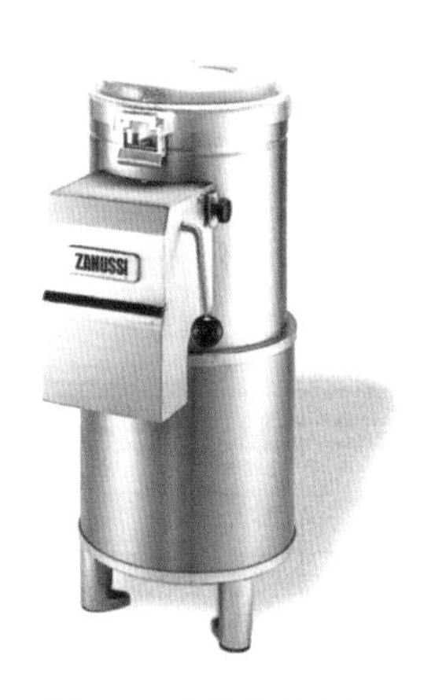

图5-3 马铃薯削皮机

图5-4 马铃薯削皮机的透明视窗设计

图5-5 多功能蔬菜调理机

图5-6 蔬菜调理机的刀片配置

设计上更换刀片流程简单安全，但仍须小心操作。

（五）落地型搅拌机

落地型搅拌机是在一般厨房及点心房都极为普遍的设备（见图5-7）。适合用于西点面包、馒头、粿类、各式肉丸鱼丸、马铃薯泥的制作加工。搅拌机的搅拌棒和搅拌盆都有多种款式及尺寸可供选购。一般来说可以处理20~90千克重量的面团或食材，通过其强有力的电机带动搅拌棒，以稳定速度的转动让食材获得最佳的搅拌。设备本身相当重，大约300千克，视需要须把设备的脚部直接固定于地板上，以避免机器晃动而影响作业效率。

（六）食物搅拌机（慕斯机）

对于厨房工作人员而言，食物搅拌机是不可多得的好帮手，普及率相当高（见图5-8）。通过高转速的电机带动内部刀片，能够轻易地将各式食材打成极碎甚至泥状（见图5-9）。通常可用来处理蔬菜、肉类、鱼类、海带、鱼浆甚至坚果类。因此，举凡制作各式酱料、水饺馅、肉馅、肉饼等都相当合适，可说是一台用途非常广泛的桌上型设备。因为这台设备转速高、刀锋锐利，因此配备有安全开关装置，操作中只要上盖被打开或未盖妥，或是设备未摆设平稳，都会自动断电停止动作以避免意外发生。

图5-7　落地型搅拌机

图5-8　食物搅拌机

图5-9　食物搅拌机内部刀片

（七）真空包装机

真空包装机（见图5-10）是为了保护食材不受污染，并且延长食物的保存期限。对于中央厨房或一般餐厅制作的各式半成品，都相当适合利用真空包装机来封存食物。时下许多茶叶的贩售店，也都习惯将客人选购的茶叶以真空包装机密封，以保持品质稳定。真空包装乃是将已烹调好或半成品的食物置入塑料袋内，放入机器后可自动抽取袋内的空气直至真空状态，随即进行封包的动作。设备上方并设计有一个透明视窗，让操作人员可以检视操作状况。

图5-10　真空包装机

（八）绞肉机

对于多数人而言绞肉机是不陌生的桌上型设备，常见于一般传统市场的肉品摊贩桌上。只要将整块肉放入机器中即可绞成肉泥（见图5-11）。刀口采用可抽换式，操作者可依照所需绞肉的粗细度更换适当的刀头。由于操作时肉品的置入口和出口都采用开放设计，操作起来格外危险，务必小心使用。

图5-11　绞肉机

（九）切片机

肉类切片机（见图5-12）常见于市场摊贩上、超市、餐厅厨房、火锅店、炭烤烧肉店等，是一台相当普及的桌上型设备。机器除了有固定式圆形刀片，导板、拉杆也是关键部件。使用时将冷冻或温体的肉品放在导板上，通过拉着拉杆来回运作，切下厚度一致的肉片。由于刀片无法拆卸，因此在更换不同食材进行切片前，务必要做完整的清洁和消毒，操作人员必须接受过完整的训练避免误伤自己。选购刀片时，除考虑圆形刀片的直径大小是否符合需求之外，也应注意刀片是用来切冷冻肉、常温肉、芝士片或是火腿片，以免误用刀片造成损坏。

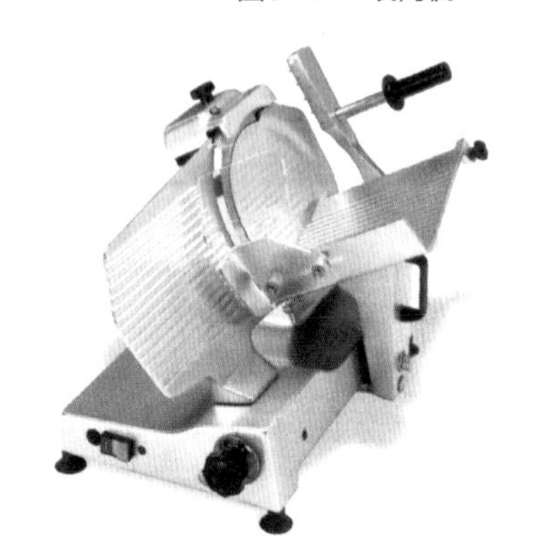

图5-12　切片机

二、工作台及收纳设备

餐厅厨房的工作台及收纳设备可选购现成品，或是依照餐厅的需要及现场的空间量身订制（见图5-13、图5-14）。主要的考量有如下几方面。

①稳固不晃动，特别是台面上要放置搅拌机、切肉机等各项桌上型设备时，绝对稳定的工作台是必须的。

②高度的设计应符合人体工学，避免长期使用造成腰部、背部、颈部受伤害。如果预先已规划台面上将会放置桌上型设备，建议将设备高度一并考量进去，以免将来设备高度过高，影响人员操作的效率及舒适性。

③材质主流为不锈钢台面，并且尽可能有一个略微倾斜的台面水平让水快速排泄，避免桌面积水影响工作卫生。此外，转角应采用一体成型，避免两片衔接点焊造成清洁上的死角。转角处也应折出一个圆弧的角度较易清洗冲刷。

④工作台靠着墙面摆设时，背挡板（矮墙设计）可使物品食材水分不致渗流或掉落到墙缝里。

⑤不锈钢板厚度必须有足够的强度，避免过软而影响工作。

图5-13　因功能需求不同而互有差异的各类型工作台

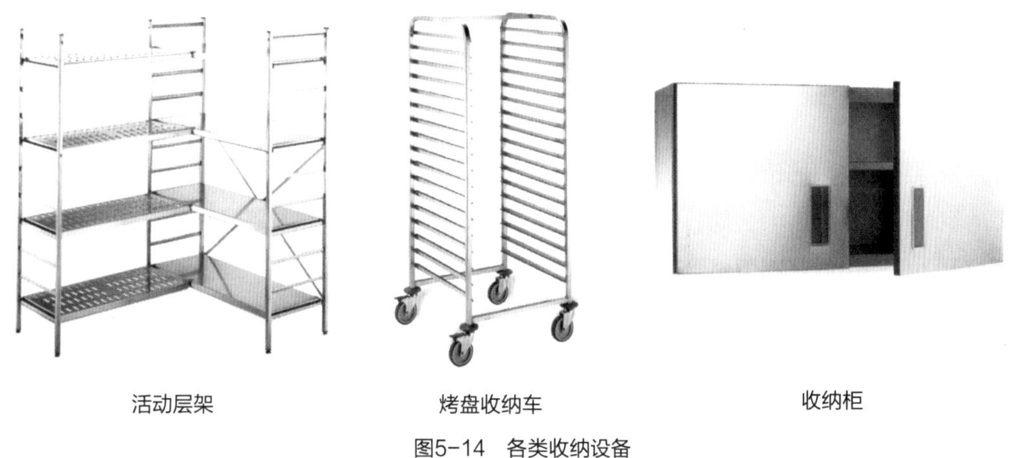

活动层架　　烤盘收纳车　　收纳柜

图5-14　各类收纳设备

⑥抽屉设计必须附有滑轮以方便开关，并须有40千克的承重量。

⑦水槽采用一体成型，转角圆弧设计以方便刷洗；排水孔配有滤杯。

⑧如果采用活动轮设计，可随时移动工作桌，则必须附有刹车装置。

⑨吊柜、陈列架应留意承重量。转角焊接处应平滑不割手。吊柜内的层板及陈列架的层板都应采用可调整高度设计，方便物品放置。

三、冷冻冷藏设备

（一）大型冷冻冷藏库

大型冷冻冷藏库（Walk In Freezer / Cooler，见图5-15）的好处就犹如系统家具一般，

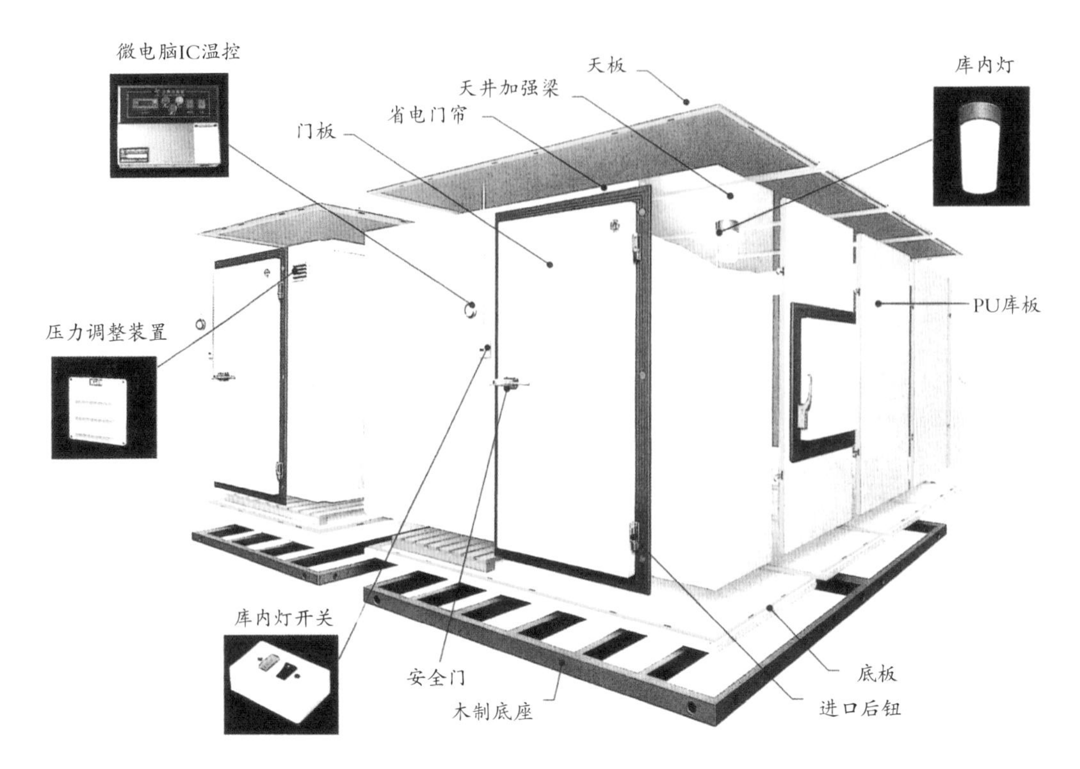

图5-15　大型冷冻冷藏库

可以依照厨房规划的位置及现场空间的大小，在现场建构起一座大型冷冻冷藏设备。其主要的组装配件，除了天、地、壁面外，室内照明、压缩机、散热设备、出风口、冷媒管、门把开关、微电脑控制面板等，都是重要的零组件。其外观面板多采用不锈钢板或盐化钢板制作，并在中间灌入聚氨基甲酸酯，使其发泡成为一个夹心板状的库板，以达到隔温的目的。

此种大型冷冻冷藏库建置时，应注意以下几点。

①地面应平整。

②若建置于户外应注意避免日晒雨淋，如有加装顶棚则应留意其与设备的间距，避免散热不佳而影响效率及使用寿命。

③避免建置在湿度过高的地方，以免造成冷却器结霜。

④避免靠近热食烹饪区或高温的地方。

⑤库内应有良好的排水性，以适应定期的冲刷消毒。

（二）冰杯机

冰杯机的宽度80~139.5厘米、高度85厘米，深度60厘米，符合餐饮业食品安全管制系统（HAPPC）的标准（见图5-16）。可以直接容纳40厘米正方的杯

图5-16　冰杯机

架，方便大量快速地拿取。设有自动除霜装置，内部层板可自由调整高度以符合各种杯具，冷藏温度可设定在3~10℃。

图5-17 立式双门冰箱

（三）立式双门冰箱

立式双门冰箱的宽度73.7厘米、高度197.5厘米、深度81.5厘米，通常可自行选购冷冻或冷藏，抑或上下层分别设定为冷冻及冷藏，方便餐厅自由选择使用（见图5-17）。此种立式冰箱的压缩机及散热设备都建置在机器顶端，因此，要确保上方空气能自由流通，以利散热和效率的提升。门片的设计也可选购透明玻璃或是不锈钢板面，甚至可选购正面及背面双向都有门板，以方便工作人员可由两边开关冰箱。

（四）桌上型调理盒冰箱

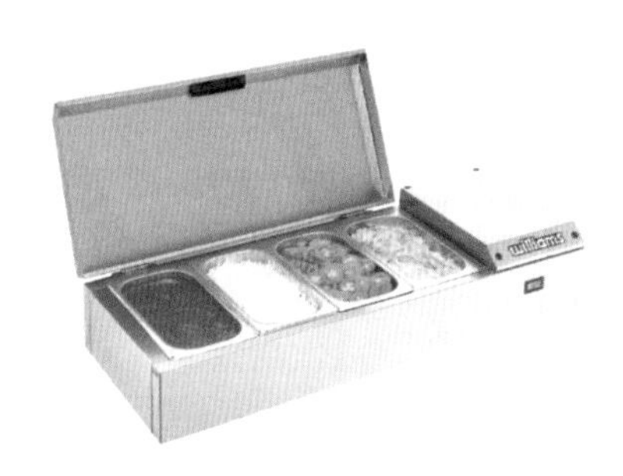
图5-18 桌上型调理盒冰箱

桌上型调理盒冰箱这种小型冷藏设备可自由移动，故可摆放于工作台上，对于外烩等活动而言是个好帮手（见图5-18）。桌上型的宽度98~186.2厘米、深度37.5厘米、高度24.1厘米，需使用220V电压。外型采坚固的不锈钢外观，底部有防滑橡胶垫以避免晃动移位，内部则可以容纳1/6、1/3及1/1调理盆。对于食材的卫生保存有相当大的助益。

（五）食物冷藏切配台

图5-19 食物冷藏切配台

食物冷藏切配台或称为卧式工作台冰箱（见图5-19）。宽度181.5厘米、深度76厘米、高度105厘米、工作台高度85.5厘米。下方除保留一部分空间为主机体、散热设备以及微电脑控制面板外，其余主要空间为冷藏储存空间。上方的调理盒底部与内部的冷藏空间相通，因此，调理盒仍可以得到冷藏的效果。此种设备的设计非常适合三明治、薄饼、沙拉及甜点工作台使用。

（六）热厨炉具下方冷藏冰箱

图5-20 热厨炉具下方冷藏冰箱

置于热厨炉具下方的冷藏冰箱宽134.9厘米、深度77.3厘米、高度54.6厘米（见图5-20）。此款冷藏冰箱附有四格抽屉，因为其设计上可以在上方摆设炭烤等热食烹饪设备，在重量承受度以及不锈钢板之选用都是经过特别的挑选。此外，钢板内部也特别加强隔温设备，避免上方的热源与下方的冷藏功率相互抵消，形成能源浪费。

（七）工作台冰箱

工作台冰箱是最常见的厨房冷冻冷藏设备（见图5-21），所需空间小且保留完整台面供工作人员自由使用。不论是食材的储存或拿取都相当方便。选购时也可以有冷冻冷藏的选择。高度85厘米、深度75厘米的标准设计符合国人的身材，宽度则可以依照厨房的实际空间选购适合的尺寸，甚至可以订做工作台冰箱让厨房空间发挥到最大效益。门板亦有不锈钢板及透明玻璃两种款式可选择。

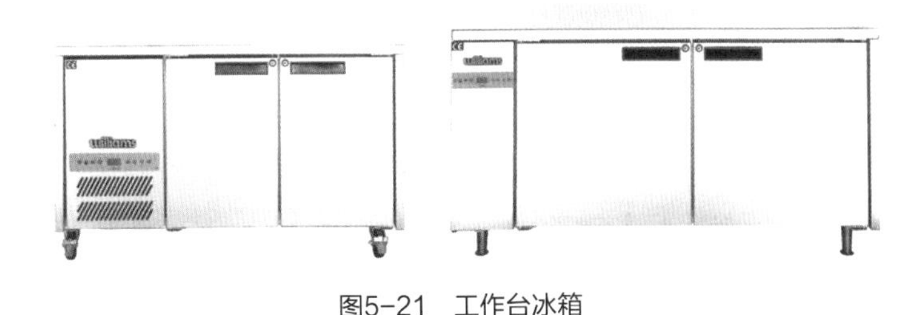

图5-21 工作台冰箱

四、烤箱设备

（一）蒸汽烤箱

就烤箱的单纯功能而言，图5-22所示蒸汽烤箱可说是烤箱的一项重要革命性发明，它颠覆了过去烤箱仅限于热烤、烘烤的功能，此种机型加入了水气让食材烹煮有了更多的变化，可说是一台多功能型的烘烤设备，近年来广为餐饮业界所用。

图5-22 蒸汽烤箱

蒸汽烤箱的烹调方式极为多样，可以是湿热方式的蒸烤、蒸煮，干热方式的烘烤，也可以是低温的烘焙或蒸煮。尤其因为导入了蒸汽水分可以进行蒸烤的方式，对于海鲜鱼类的美味和汤汁的保存，有非常好的效果。烤箱外简单的微电脑控制面板，可以轻易地操作煮、烘烤、蒸烤、解冻、熬煮、再加热甚至真空调理。此种烤箱配备有食物感温棒，可以确实掌握食物的温度与生熟度（见图5-23）。此外，蒸汽烤箱设备通常会附有水管

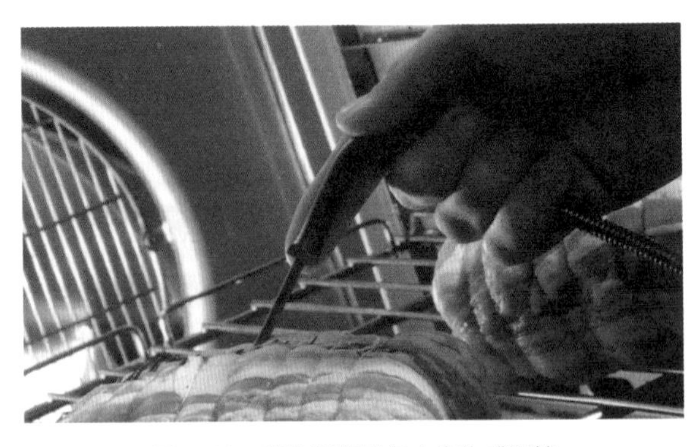

图5-23 蒸汽烤箱配备之食物感温棒

喷枪可进行内部冲洗（见图5-24），而机器本身的设计也有自动清洗的功能，使用相当方便，并且能有效杜绝食物的交叉污染。有些机型甚至还配有自动监测检查的装置，可说是一台相当智慧型的烹饪设备。

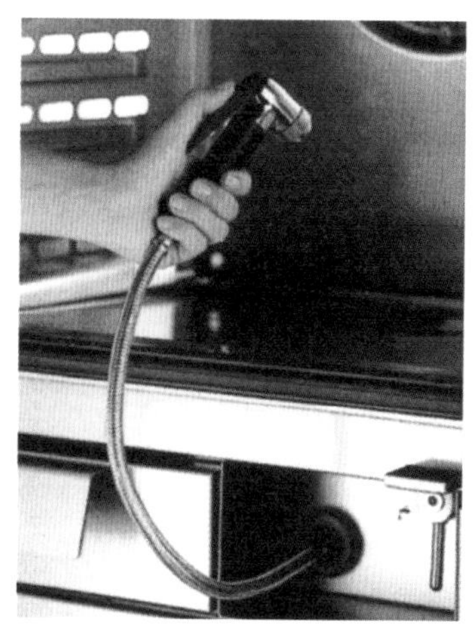

图5-24　蒸汽烤箱附设之水管喷枪

（二）旋转烤箱

旋转烤箱顾名思义就是内部采用会旋转的烤架（见图5-25）。烤箱内部有很多根烤肉叉，方便将全鸡或鸭直接用烤肉叉穿起来，当烤箱启动后可以自动地在烤箱内部旋转，而热源通常来自烤箱的下方或后方。因为不断旋转的关系，烤箱内部的食物都能均匀受热。此外，也可以搭配吊篮挂在烤肉叉上，然后在吊篮里摆上肉块，甚至是海鲜、香肠或肋排等各类食物进行烘烤，有点像是摩天轮的原理。

旋转烤箱可以使用燃气、电、木炭或木材来当作热源，有些烤箱甚至可以两种热源并用，例如电力加上木材既能兼顾烘烤的效率和温度的稳定性，也能让食物多了木头的自然香味。这样的做法搭配开放式的厨房以及烤箱摆设在超级市场或是餐厅，对客人来说有相当大的吸引力。像是美国著名的烤鸡餐厅肯尼·罗杰斯（Kenny Rogers）及波士顿烤鸡（Boston Chicken）都是如此，早年台湾地区的香鸡城或是现在许多大卖场内，也都采用这种烘烤箱现场烘烤来吸引顾客。

（三）履带式烤箱

履带式烤箱（见图5-26）多半采用电力为热源。烤箱设计的最大特点就是确实掌握了食物在烤箱的时间。一般来说，普通烤箱多备有定时器作为提醒，但是时间到了之后，如果没能及时将食物从烤箱中取出，就算烤箱热源已经关闭，其残余的环境温度仍对食物有烘烤加热的效果；反之，履带式烤箱因为有移动式的输送带，当食物进入烤箱后就会缓缓前进，最后由烤箱的另一端被送出，确实掌握了烘烤的时间。

操作人员通过面板操作来设定履带行走的速度，便决定了烘烤的时间。至于在加热的效果上，除了采用电热方式，通常还配备强力的风扇，使烤箱内部形成一股强力的热气

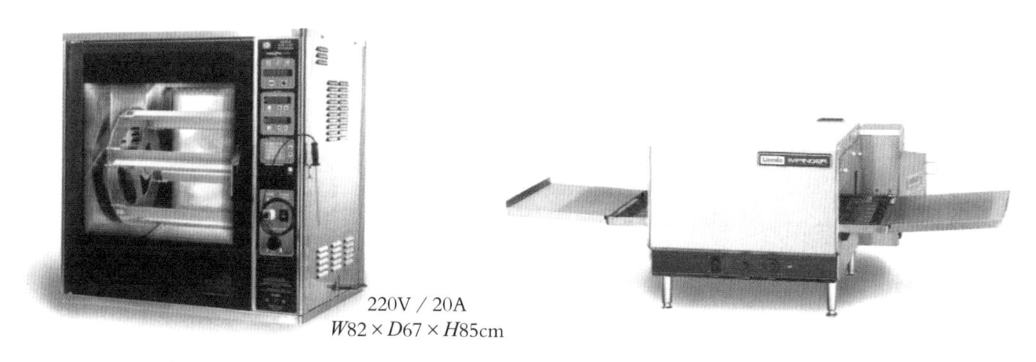

图5-25　旋转烤箱

图5-26　履带式烤箱

旋，如此可以缩短食物烘烤的时间，并且兼顾烤箱内部整体温度的均匀度。此种烤箱常见于比萨餐厅，有些早餐店也会采购小型履带式烤箱来烤吐司面包。

（四）炉灶下烤箱

炉灶下烤箱顾名思义就是将烤箱设置在热灶区的燃气炉或电炉甚至油炸锅下方，这在西式的厨房是非常普遍的设计（见图5-27）。例如在上方的燃气炉上用煎锅将牛排或其他肉类外表煎熟后，可以直接打开下方的烤箱，连肉带锅一起送进烤箱将肉烤到需要的程度再取出，所以在工作动线上再恰当不过了。在选购此类炉灶下方烤箱时要注意到以下几个要素。

图5-27　炉灶下烤箱

①可以选购有透明玻璃视窗的烤箱并附有内部照明，方便从烤箱外观察而不需要频繁开关烤箱门。

②烤箱的脚可以进行微调，以适应厨房地板为方便排水而设计的坡度，让烤箱既可稳固，又可以维持上方台面水平，如此才能平稳地架上燃气炉等设备。

③内部底板与壁面无死角，方便清洁，并且容易排出水分。下方最好配备有接油盘以方便清洗。

④烤箱门的铰链必须强固，当烤箱门打开放平和烤箱底盘在一平面时，可以将食物或烤盆直接摆放在门板上再顺势推入，而不会发生烫伤的意外事故。因此，烤箱门的承重度就显得非常重要，通常要有90千克重的安全承重度。

（五）对流烤箱

对流烤箱（见图5-28）可说是所有烤箱中的基本款，可以选择燃气或电力作为热源。一般来说，用电力作为热源，烤出来的肉品较能够保有水分肉汁，如果采用燃气为热源，则应注意废气的排放，以免发生危险。烤箱本身设有定时、温控及内部照明，烤箱内部则配备有风扇，帮助热风在烤箱内部做有效率的循环，使内部温度得以稳定平均。也因为它内部温度稳定均匀的关系，所以可以在较小的内部空间里放入较多的食物，在空间效率上相对较高，同时也能够节省25~35分钟的烘烤时间。

通常使用这种烤箱时会搭配烤盘或烤肉架，让食物的外围都能接触到热风，能够比较均匀地受热。

图5-28　对流烤箱

五、中式炉具

中式的炒炉看来都很相似，但是在台面的配置上除了两个炒炉，其他例如水龙头、水盆、小炉头则有不同的安排方式。这纯粹是顺应地方料理特色的不同以及炒菜师傅的便利性所发展出来的，大致可分为潮州式（见图5-29）、上海式（见图5-30）、广东式（见图5-31）。

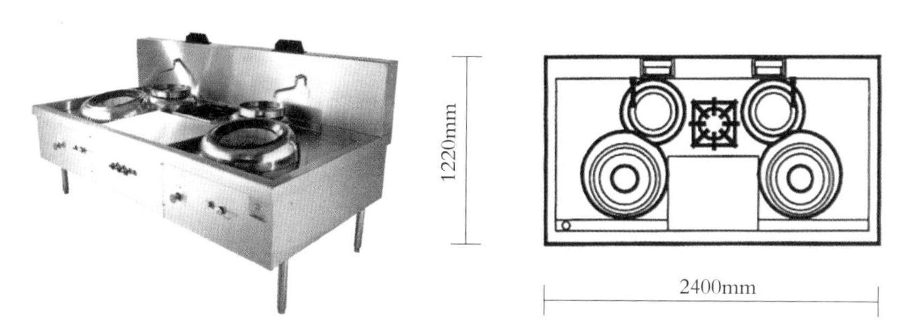

图5-29　潮州式炉具及其平面图

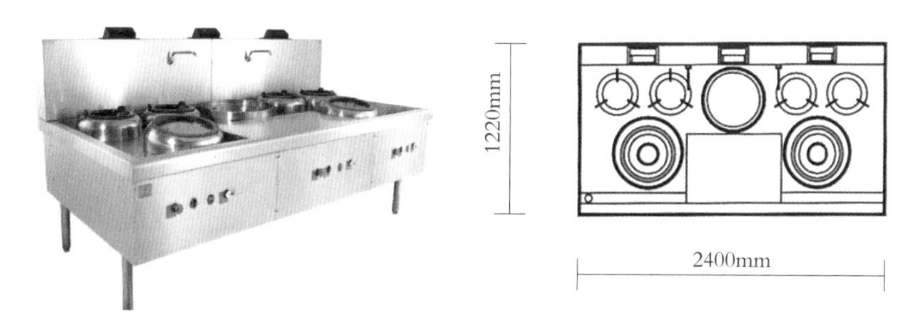

图5-30　上海式炉具及其平面图

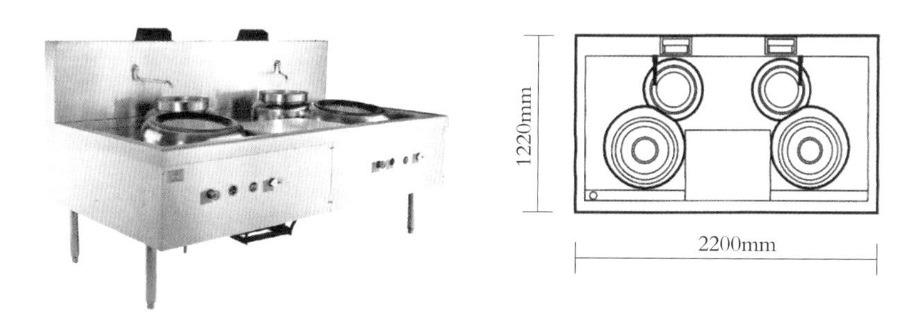

图5-31　广东式炉具及其平面图

另外，针对大型的工厂、学校或中央厨房所设计的大型炒炉（见图5-32），除了设计上仅配有水龙头及两个大型灶口（直径90厘米），并没有太多的不同。

图5-32　中式大型炒炉

（一）中式蒸炉

中式蒸炉（见图5-33）在多数的中式及日式餐厅都很常见，多采用燃气为热源，并且和炒炉相似，都配备有鼓风机让火力能够更为强劲有效率。和西式蒸炉不同的是，西式蒸炉可分为高压蒸炉、低压蒸炉及无压力蒸炉，而中式的蒸炉则都设计为无压力蒸炉。相较于有加压蒸汽的蒸炉而言，中式蒸炉显得较为安全也比较适合中式料理。无压力蒸炉的好处如下：

图5-33 中式蒸炉

①未经训练的人员，使用无压力蒸炉比使用其他设备较不易发生意外。

②如果食物在蒸煮过程中需要打开蒸炉检视或调味，都可以随时打开炉门。

③与高汤锅或烤箱比起来，蒸煮的方式更为有效率。

选购中式蒸炉时可以另外选购蒸笼座、七孔板（供蒸汽由下方水面释出）、蒸笼和蒸笼盖（可选购传统木质或不锈钢材质）及饭盆。

（二）中式蒸柜

中式蒸柜（见图5-34）的作用原理及功能都与中式蒸炉近似。但因为不须另行使用蒸笼，改采柜子的形式设计，蒸柜内有多层层架可同时蒸煮大量食物。此外，因为蒸柜有柜门可以关闭，蒸汽不易泄出，所以在蒸煮的效率上更好，很适合中式海鲜餐厅使用。缺点是它无法像蒸炉一样上方可以堆叠多层的蒸笼，在蒸煮的数量上略逊于蒸炉。

（三）中式肠粉炉

中式肠粉炉顾名思义就是针对港式肠粉所制作的蒸煮设备，规格尺寸和能源使用与一般蒸炉并无不同，只是在蒸锅的设计上为长方形并且深度较浅（如图5-35）。

（四）平头炉

平头炉和一般中式炒炉不同的是没有鼓风马达的设计，因此在火力的表现上显得温和许多，整体的感觉和西式的炉具非常近似（见图5-36）。在中式餐点上通常像是港式煲类，或是熬煮酱汁、汤类等需要文火慢炖的食物就会选择平头炉来做烹煮的设备，操作起

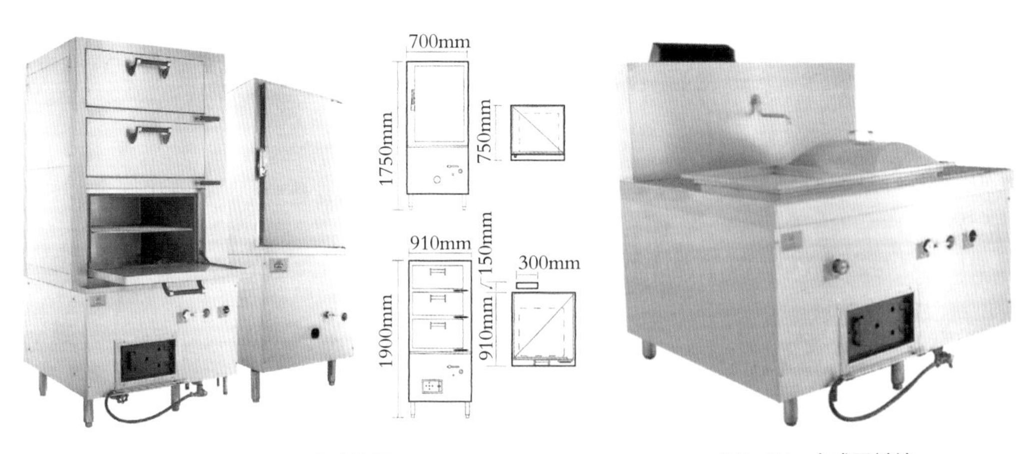

图5-34 中式蒸柜

图5-35 中式肠粉炉

来简易并配有小母火。

（五）矮汤炉

顾名思义矮汤炉在设计上最大的特色就是矮（见图5-37）。相较于一般的工作台或炉台大约为81厘米，适合一般东方人的身材，但是矮汤炉因为考量到舀汤的适手性以及大汤炉的重量可能造成的危险，因此在设计上矮汤炉的高度只有50厘米，并且在不锈钢骨架上也会考量到承载重量的所需，配备强度较高的骨架。同时，为方便加水到汤锅内，通常矮汤炉摆放的地方也会就近配置水龙头，可直接注水到矮汤炉上的汤锅中，提高工作效率及安全性。

（六）烤鸭炉

直径81厘米、高度150厘米的烤鸭炉采用燃气为热源。整体造型为了可以容纳多只全鸭同时进入吊挂烘烤，因此在烤炉本身的体积上较为笨重庞大，烤炉人员在吊挂鸭只进入烤炉时通常会需要小板凳垫脚以方便作业（见图5-38）。

（七）烤猪炉

宽度62厘米、长度110厘米、高度60厘米的烤猪炉是针对港式烤乳猪料理所设计的（见图5-39）。宽度与长度可以容纳一整只被烤架穿过平整的乳猪在烤炉上翻转烘烤。炉头上方设计了一个小凹槽，可以将烤架跨上去，以节省人力。烤炉净重达250千克，采用燃气为热源，每小时可以提供1000瓦的热量。

图5-36　平头炉

图5-37　矮汤炉

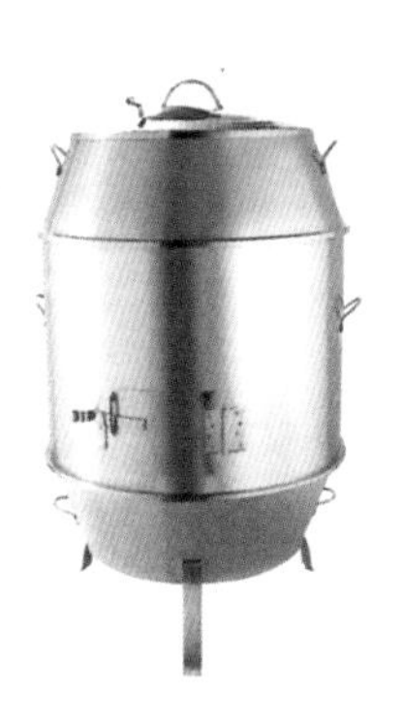

图5-38　烤鸭炉

图5-39　烤猪炉

六、西式煮锅

（一）万能旋转锅

万能旋转锅全机以不锈钢材质设计，外观平滑易于清洗并且有抗菌处理表面（见图5-40）。内锅容量达60升，是一台非常多功能的西式煮锅。可以用来加水之后水煮食物、炖煮蔬菜或肉类，甚至可以添加炸油后作为油炸炉使用，以及直接将内锅当作煎板使用，可煎炒食物如牛排、煎蛋、培根等。此款主锅可选购燃气或电力为热源，并且设有温控开关及内部直接注水的功能（需连接水源管线）。此外还设有一个旋转把手，可以轻易通过操作旋转把手而将内锅提起，方便将炖煮好的食物或要倒掉的煮水轻易排出。

（二）压力蒸汽锅

压力蒸汽锅（见图5-41）的发明可说是各式蒸煮设备的一大改革，它主要是利用电源为热源，将热水加热至沸腾后转为蒸汽，再利用蒸汽作为热源来烹煮食物。蒸汽锅的构造就像是一个两层锅，内层是一个半球状的内锅，它被密封焊接在外锅里，内、外两个锅中间保留了约5厘米的间隙。而水被加热沸腾转为蒸汽后，就会被传导到这仅有5厘米的间隙中，并且随着蒸汽不断地导入而形成高压的蒸汽环境，使温度提升加速烹煮的效率。

由于是采用蒸汽为热源，最大的好处是内锅受热均匀且快速，不容易产生食物在内锅上烧焦的情况，减少了清洗锅具的时间与人力。蒸汽锅无法进行食物的烘烤，也无法将食物煮成烧烤微焦的表面，比较适合快速水煮或是慢火炖煮的形式。

为了节约电能，在烹煮时可以尽量盖上上盖避免热气流失，减少蒸汽的外泄。蒸汽锅下方配有一个泄水阀，可以先将锅内煮好的食物捞出后，将剩下的汤汁直接排放出来，清洗时也可以善加利用泄水阀。另有一种蒸汽锅的设计则类似万能旋转蒸汽锅的方式（见图5-42），省去的泄水阀采取倾倒的方式将食物倒出。选购此款设备，建议下方直接设有排水口，倾倒时由于汤汁食物滚烫应特别小心操作。

图5-40　万能旋转锅

图5-41　压力蒸汽锅

图5-42　万能旋转蒸汽锅

图5-43　意式煮面机

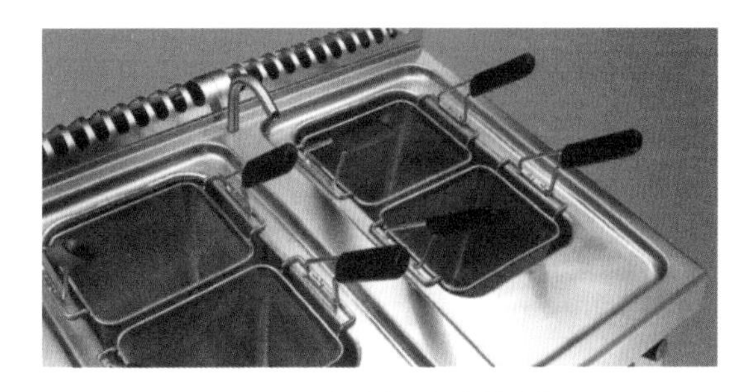

图5-44　意式煮面机内的水槽

（三）意式煮面机

意式煮面机（见图5-43）同样可以选择以电力或燃气为热源，内部结构为两个水槽（分别为24.5升及40升，见图5-44），方便同时架上多个煮面杓。两个水槽各配有独立的温控开关。稳定的能源提供，让水能保持在所需的温度，不因面条的大量置入而让煮水过度冷却，此为本机的特色，如此才能确保面条的品质及口感。

七、西式炉具

（一）煎板炉

煎板炉（见图5-45）的设计日新月异，主要的改良重点在煎板本身，除传统光滑平板的煎板之外，也有厂商开发菱纹表面的煎板，让煎过的食物看起来有类似炭烤的视觉效果。同时，现今的煎板也多半有表面处理，不易产生烧焦后难洗的焦痕，所需用油也比较少。

（a）落地型煎板炉

（b）桌上型煎板炉

图5-45　煎板炉

煎板炉同样可选择电力或燃气为热源。煎板炉后背及两侧可以搭配矮墙，避免油汁喷溅到旁边。配备有两个温控开关，可视需要做不同区域的温度设定以方便操作人员使用。

（二）电磁炉

电磁炉常见于一般家庭或是火锅餐厅，以电源为热源（见图5-46）。好处是方便清洁且表面不产生热温，即使一般消费者自行操作使用也不易烫伤。温控除了设有微电脑进阶式的设定外另有保温功能，使用起来相当方便。

（三）红外线电热炉

红外线电热炉采用电源为热能并搭配表面厚达0.6厘米的耐热板，里面则布建了高效能的电热丝，发热时呈现红色炙热的状态（见图5-47）。为能满足基础的烹饪需求，耗电量不低，通常选用这种烹煮设备的原因，多是碍于餐厅所在位置的大厦或楼层的消防法规或大厦内部管理条例限制不得有明火产生，所以选用红外线电热炉作为替代。

（四）炭烤炉

炭烤炉为西式餐厅与牛排馆的必要配备，主要的功能是将各式肉类（如牛、羊、鸡排）甚至鱼排等海鲜及蔬菜（如瓜类或彩椒），以炭烤的方式烹煮（见图5-48）。辨识炭烤炉最容易的方法就是它表面上有一根根的铸铁（见图5-49）。如图5-49中的左图为一般正常的炭烤架，适合肉品排类的炭烤，也可以挪出炉面上一部分的空间选购如右图的炭烤架，因其套痕较宽适合海鲜类炭烤所使用。炭烤食物除了焦香的味道令人垂涎欲滴，也能

31.5cm × 31.5cm × 6.2cm
110V / 60Hz
1200W

图5-46　电磁炉

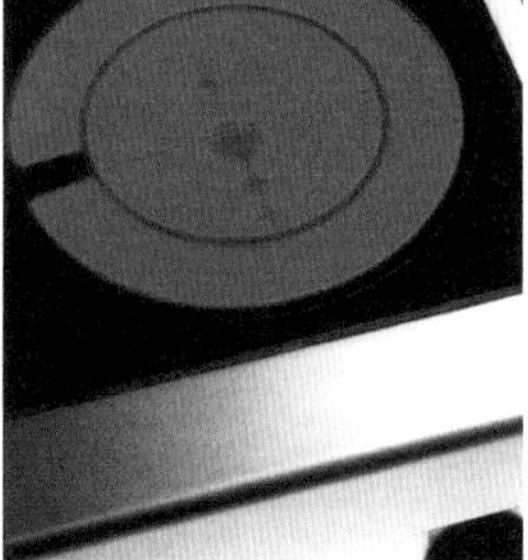

图5-47　红外线电热炉及其表面的耐热板

图5-48　炭烤炉

图5-49　不同烙痕的炭烤架

借由食物被炭烤炉所烙印上的烙痕来增添卖相（见图5-50）。烤架下方并配备有抽屉，方便置放烤肉夹或清洁烤架的铁刷等用具（见图5-51）。

（五）燃气炉

燃气炉是厨房必备的烹饪设备之一（见图5-52）。结构原理及构造和一般家庭用燃气炉具一样简单，并无太大不同。主要差别在于表面设计较符合餐厅重度用量，并且在表面的抗菌处理及材质选择上以耐用、方便清洗为诉求。一般可选购单口、两口、四口、六口甚至八口炉头，每具炉头旁都配有母火方便使用。炉具下方可依需求选购附有烤箱的燃气炉具，方便烹饪手续可就近完成（参阅前述炉灶下烤箱，见第165页）。

（六）明火烤箱

明火烤箱采用电力为热源，电热设备配置在明火烤箱的上半部，而下半部为放置食物的平台（见图5-53）。其中上半部的主要电热设备采可调整高度的设计，将食物摆上后，可依照需求将上半部的高度降低，使热源更贴近食物以增加效率。这项设备最大不同的特色在于它是采用壁挂式的设计，而非一般设备采用桌上型或落地式。其主要功能是将芝士融化，例如将煎好的汉堡肉再铺上一整片芝士，然后放在明火烤箱下烘烤，让芝士片在短时间内融化，随即可以将肉片和芝士片夹入汉堡面包内搭配其他蔬菜或佐料即可出菜。也有些餐厅厨房在餐点出菜前再做最后的增温，使表皮更增酥脆并使食物温度不致冷掉。

图5-50　炭烤炉的烙痕增添了食物的卖相

图5-51　炭烤炉配备的抽屉

图5-52　燃气炉

图5-53　明火烤箱

八、油炸炉具

（一）传统油炸机

油炸机可以选择以燃气或电力为热源，尺寸容量非常多样化，小型的有如本书页面大小，常用于早餐店少量油炸。大型的炉具甚至配有两个油炸槽来应付大量的营业使用（如速食店），其设计上可分为桌上型及落地型两种（见图5-54），业者可依照自身营运上的需求及空间选购适当的机型。现今因为各项食材成本不断上涨，炸油用量也变得更谨慎，因此油炸槽的内部设计也做了改良，将底部窄化并且将省下来的空间改成加热管，让油炸炉能够更有效率，避免炸油温度降低。同时底部窄化后也能省下更多的炸油（见图5-55）。至于油炸篮的选择可以依照餐厅油炸的餐点作为考量，少量多样的油炸食物可以选择小容量的油炸篮，以方便区分，同时也因为各种食物所需的油炸时间不同，小容量油炸篮方便不同时间点从油炸炉中取出。反之，对于单项且多量的油炸食物，选购大容量的油炸篮较为方便使用（见图5-56），并且因为内部容量大，食物在油炸篮中受热也较均匀，可提升品质稳定度。此外，餐厅业者可视需要添购滤油设备，通过滤纸、食品级的滤粉及专用的过滤器材可以延长炸油的使用寿命。

（a）桌上型油炸机　（b）落地型油炸机

图5-54　传统油炸机

（a）底部窄化的油炸槽

（b）油炸槽中加装加热管

图5-55　改良过的油炸槽

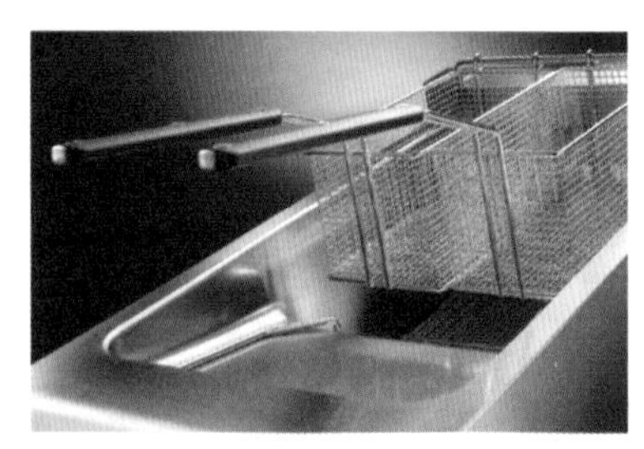

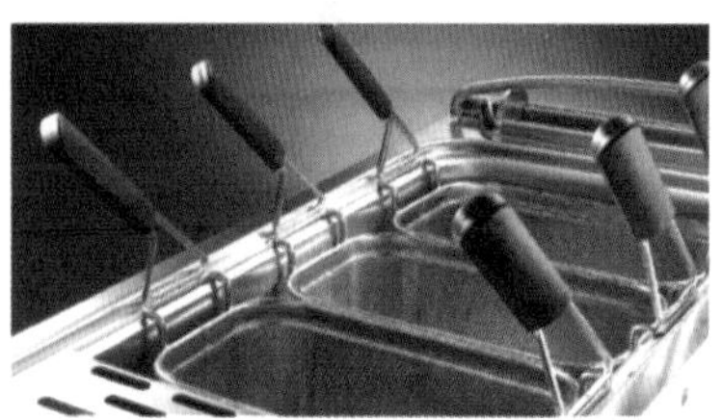

图5-56　常见的油炸篮

（二）压力式炸锅

图5-57　压力式炸锅

压力式炸锅外形上最大的不同就是上方多了个压力锅盖（见图5-57）。当油炸炉呈现密闭的状态，并且持续加热直到油锅沸点时，即会产生水蒸气及压力。当压力变大时温度也随之增高，对于油炸食物能产生更高的效率。但是使用前，操作人员必须经过培训以避免发生危险。

（三）油水混合油炸炉

油水混合油炸炉（见图5-58）为最新被厂商设计开发出来的产品。其最大的特色就是在油炸锅内除了倒入炸油也倒入清水，再借由油水比重的不同使油水自然分离，让清水沉入槽中的底部，炸油则自然浮在水的上方。如此最大的好处是省下了大量被倒入炸锅中使用的炸油，在现今炸油价格不断上涨的时期，对于炸油用量大的餐厅而言可以省下大量的成本。当油炸锅加热时，因为加热管设置在炸油的水位高度，让炸油能很快地提升到所需要的温度，而下方的清水则约保持在40℃的低温。图5-59可清楚看到油槽底部的清水。

此款设计除了可以大量节省炸油的用量，同时对于废油的产生也达到减量的功效。再者，油炸过程中所产生的油渣、面粉渣或食物残渣，也都会自然地被温度较低的清水吸引到油槽底部。让炸油能保持清洁干净，并进而延长炸油使用的寿命。从图5-60可以清楚看出油炸槽内上方为炸油下方则为清水，而沉积在底部的白色物品则为油炸过程产生的油渣或面糊。

油炸机内部设有两个不同水位的泄阀开关，最底下的泄阀可以优先将水及残渣排出，而中间高度的泄阀则可以泄出炸油，让清水仍保持在油炸槽中。对于换油、换水或是做槽内清洁都相当的方便。

图5-58　油水混合油炸炉

图5-59　油槽底部以清水取代炸油

图5-60　油水分离的展示机

注：此图片为设备厂商的展示机，为强调油炸炉运作中下方的清水仍保持低温，所以放进了几条小鱼作为噱头以吸引目光，纯属广告效果。

第三节 各类常见的厨房器具介绍

工欲善其事，必先利其器。厨房对于餐厅而言，虽然不能算是一个业务单位，只能依照外场所传达进来的指令进行生产的工作，提供令顾客满意的餐点。因此，提高厨房的效能，使生产更具效率，就成为厨房工作很重要的一项课题。

除了各项设备的选购、厨房动线的妥善安排，各式各样的刀具、器皿，以及烹调过程中所需要的各式器具，都与厨师的工作效率紧密相关。不妥善或不充足的器具和刀具，只会让厨师工作起来不顺手，可能造成进度变缓甚至引发不必要的负面情绪。以下仅就中西餐厨房常见且通用的各式器具做图文的介绍，希望读者能够对与厨师每天工作相伴的各项工具有初步的认识。

各类常见的厨房器具见表5-1。

表5-1 各类厨房器具

商品	名称	规格	说明
	美制S/S调理盆	1/2 325mm×264mm×102mm	美制不锈钢调理盆1/2尺寸附盖。调理盆可依据其容量分为1/1、1/2、1/3、1/6及1/9，厨师可以依照其工作站上的需求自由组合，并可搭配工作台冰箱或热水保温台，直接进行保冷或保温
	进口S/S调理盆用盖	1/2	
	美制SA S/S调理盆	1/6 175mm×162mm×150mm	美制不锈钢调理盆1/6尺寸附盖
	美制SA S/S调理盆用盖	1/6 175mm×162mm	
	S/S含木汤勺（大）	∮ 9.5cm×L31cm	木柄不锈钢汤勺
	铝制肉锤	L25cm×W6.8cm	可以用来捶里脊肉使纤维断裂，避免在加热烹煮的过程中纤维过于收缩造成肉质过硬
	S/S月牙盒（小）	L37cm×W11cm×H9cm	通常用于广式烧腊餐厅，将剁下无用的骨头或碎渣直接拨入盒中

续表

商品	名称	规格	说明
	港制腰子型菜盖	7.5"×5"×2"(19cm)	可保温或烹煮时加盖焖煮
	铝单手锅	9"(∮23.5cm×H11cm×L44cm)	通常用于调制酱料，又称酱料锅或Sauce锅，是西式厨房非常广用的锅具之一。品质好的酱料锅底部会加厚处理，使温度不致上升过快而影响菜肴品质，可用来调理各式酱料及汤品
	日制铁板烧刀子（口金）	刀L21cm 全长L34cm	铁板烧师傅用刀具，造型美观好握且用途广泛，适合开放式厨房的厨师及铁板烧料理师傅选用
	日制S/S调味盒	33cm×28.5cm×H6cm	多格调味盒，适用于厨房炒炉边，方便厨师取用
	日制铁板烧平铲	L30cm×W12cm	铁板烧师傅用平铲，通过两手各持一支平铲，可快速地在铁板台上翻炒食物
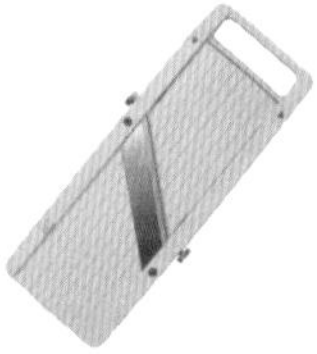	日制平面削菜机	大 34.5cm×13cm×3cm	简易型蔬果削片器
	日制营业斜孔勺	W10.5cm×L30.5cm	多孔汤勺，适用于羹汤捞料用
	德制Silit滤网勺/浅/圆孔	12cm	
	日制一角刻花刀（大）	12cm	蔬果雕花用刀
	鹰牌葡萄柚刀	16cm	葡萄柚用刀，刀锋弧度特别，双面锯齿
	日制正广鸡肉刀	18cm	鸡肉切刀，刀柄与刀体都短而厚实

续表

商品	名称	规格	说明
	上海瓢（特大）	W14.5cm×L49cm	柄特长用于大汤锅
	德国量杯	500mL	厨房通用量杯，对于要求标准化的餐厅，量杯、磅秤是必要的工具
	德国量杯	1L	
	桌上型台式传统秤	1kg	中式传统秤
	桌上型电子秤	市面上有许多种规格可供选择。主要的区分为最大承重量	可随意切换单位并归零，以扣除容器重量
	有线分离式电子秤		重量容易读取，不容易受潮或碰撞，读表可附挂于墙上
	桌上型传统秤（刻度转盘可旋转）		西式传统磅秤，刻度转盘可以旋转以扣除容器重量，单位有磅／盎司
	桌上型传统秤	市面上有许多种规格可选择。主要的区分为最大承重量	通用型单位有千克、克、磅、盎司，使用简单价格也便宜，缺点是寿命短、准确度低
	落地型电子秤	110V最大承重量140kg	通常摆放于进货入口，验收采购商品重量，可变换单位并归零，以扣除容器重量
	日制S/S汉堡煎铲（大）	L26.2cm×W12cm	汉堡煎铲，铲与柄的弯弧稍大

续表

商品	名称	规格	说明
	瓷制双耳田螺皿（咖啡）（白）	6孔	焗田螺专用烤皿
	S/S胶柄波浪刀	L15.5cm×W8.4cm	可用于切芝士片、豆腐或鱼板造型用
	木柄双钩（长）	L51.5cm×W4cm	可深入烤炉调整食品位置或拿取
	竹锅刷（港制/斜）	∮4cm×L28.5cm/大	中式炒锅用
	不粘锅平底锅	12"	西式通用煎炒锅，有多种尺寸可选择
	日制正广全钢生鱼片刀	240mm	生鱼片刀，刀体薄长
	钢刷/剑型钢刷	23.5cm	用于刷除炭烤炉上肉末积炭残渣等
	虎剑双面磨刀石（上）	L20.7cm×W5.2cm×H3cm	各型磨刀石
	黑金刚磨刀石（下）	双面	
	竹制蒸笼盖/1尺	10寸×2.2寸 ∮30cm×H6.6cm	中式蒸笼用途广泛
	竹制蒸笼/1尺	10寸×2寸	
	竹馅匙	22.5cm	包制馄饨、水饺、锅贴时，用于舀取肉馅
	山桥牛刀	300mm	切牛肉用刀

续表

商品	名称	规格	说明
	青龙鲁肉刀（坎刀）	L18cm×W9cm	适合剁肉排或带骨的部位。刀片本身厚重，能产生足够的力道
	DICK骨刀	7"(18cm)	适合剁大骨，刀片设计厚实，把手角度也与一般刀具略有不同，方便施力剁骨
	日制铁板烧叉子	叉L16cm 全长L30.5cm	铁板烧师傅用叉，也可当烤肉叉用。用于叉住大块肉，帮助转向或协助固定以方便切割
	白铁针车轮	197mm×131mm×46mm	可用于滚过比萨皮或其他需要打孔的面饼上
	S/S胡椒罐（大）密孔	§ 7cm×H13cm	厨房用各式调味罐，依照烹调时所需的用量选择孔径的大小及数目的多寡
	S/S胡椒罐（中）密孔	§ 7cm×H9.5cm	
	S/S调味罐（大）三用	§ 7cm×H9.5cm	
	港制S/S香港油壶（三角嘴）	§ 7.5cm×W11cm×H13cm	可用来盛装沙拉油、香油或其他酱液，如酱油或醋
	ECF锯齿片刀（Victor）	36cm	适合锯面包用，锯齿可使切面平整美观
	港制圆型针插（烧肉用刺）		烤肉前用针插戳一戳，目的是使肉更容易腌渍入味，并且断筋，较不容易在烤肉时造成肉块收缩
	港制正陈枝记S/S片刀（片肉）	2号(W12cm×L23cm)	适合用于切薄肉片
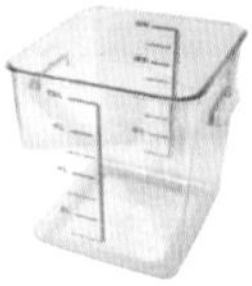	美制方形保鲜盒	8QT 222mm×211mm×222mm	适用于冰存汤品或酱汁，也可作为腌渍用

续表

商品	名称	规格	说明
	意制PDN纱网滤汤器	24cm	熬煮高汤过滤肉渣菜末用
	意制PDN大蒜挤压器	∮2.5cm	可快速将大蒜挤成碎末
	意制PDN切面机	30cm×22cm×H25cm	面团整形后送入可切成面条
	意制PDN蔬菜切片器	36cm×12cm×H28cm	蔬果切片用
	ECF木制搅拌匙	35cm	可于煎炒时搅拌用，或用于冷食，如制作生菜沙拉酱使用
	意制PDNS/S铲（ABS把手）	L15cm×9cm (L27cm)	各式煎铲
	鹰牌煎匙/细长型	26cm	
	S/S海苔保温箱/插电、下灯式	23cm×14cm×H14cm（半张）	日本料理店常用的海苔保温箱，可保持海苔干燥不粘手
	手摇削菜机	27.2cm×11.7cm×16.5cm	可将蔬果固定于机上，手摇把柄则可将之切成片状
	鹰牌鲑鱼刀（木柄）	30cm	刀体薄长，可用于切生鱼片
	鹰牌牛排刀（木柄）	25cm	适用于切割烤过的大块肉排
	ECF进口厨用刀	25cm	厨房广泛使用的刀具，适用于各式蔬菜肉类但不适合用于过硬的骨头

续表

商品	名称	规格	说明
	鹰牌美式剥皮刀（木柄）	15cm	特殊弧度设计方便剥取果皮
	鹰牌芝士刀	14cm	用于切割小块软质芝士，例如Mozzarella Cheese。此款芝士刀提供客人自己使用，前端开叉可直接插芝士入口
	鹰牌牛刀	6"(15cm)	皆可称为厨师刀，又称法国刀。是厨房师傅最常用的刀具之一，但刀子的长度仍有多种选择，多半介于20~30厘米。为方便厨师下刀并且省力，刀刃前端多为15度角的设计是此种刀具的特色
	日制一角刻骨刀（圆）	15cm	
	鹰牌削皮刀（木柄）	12cm	不论刀刃的厚度与长度都比厨师刀来得短薄，方便适应水果或其他根茎植物的角度，削皮时才能兼顾效率及降低损耗
	鹰牌芝士刀	21cm	用于切割大块硬质芝士。特殊角度设计，方便厨师施力
	挖球器（胶柄）	18cm	造型装饰用，适用于苹果、哈密瓜或奇异果等水果
	鹰牌去鱼鳞刀	15cm	特殊的造型及刀刃锯齿设计，方便使用者刮除鱼鳞片，同时可利用其开叉的短刀切开鱼下巴连接鳃的部位，以利清除里面不需要的部分
	电子式计时器		具定时及闹铃功能，可进行倒数或计时的模式
	鹰牌波浪刀（弯柄）	10cm	刀刃呈波浪设计，让切下来的食材呈现波浪状以增加美感，多用于较硬质的蔬菜、芝士、鱼板等，特殊的把柄角度则是方便施力
	日制龙太郎磨刀棒	12"	刀具除了定期以磨刀石磨利，工作中仍可利用磨刀棒不定时打磨以维持刀具的利度
	鹰牌筒式磨刀台	15cm×H5cm	手动简易型

续表

商品	名称	规格	说明
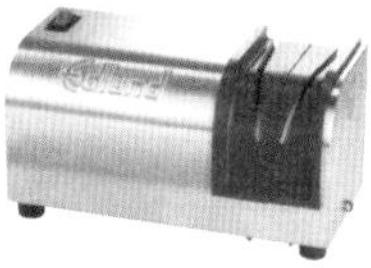	桌上型电动磨刀台	13.9kg，115V或230V可选购	蓝色为ABS材质，可轻易拆卸，方便清洗内部
	S/S煎包铲（无孔）	W5cm × L38cm	适用于将锅贴或水煎包自锅中铲起
	EBM铜片手锅（浅型）关东型	15cm(05001)	适用于制作大阪烧
	EBM铜片手锅木盖（05009）	15cm	
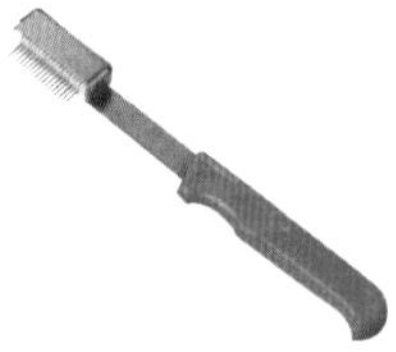	S/S切葱丝刀	9.3cm	可将青葱快速切成丝状
	EBM挤豆腐条器	W46mm × D39mm × L475mm	可将豆腐快速切成细条状
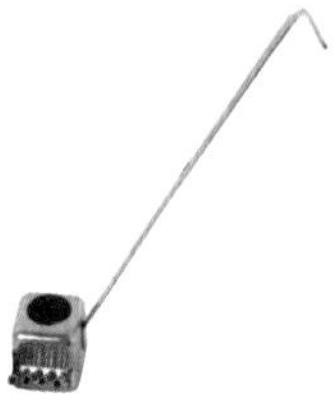	EBM鳗汁注器/4孔（4819500）	全长27cm，40mL	用于舀取鳗鱼汁淋于饭上
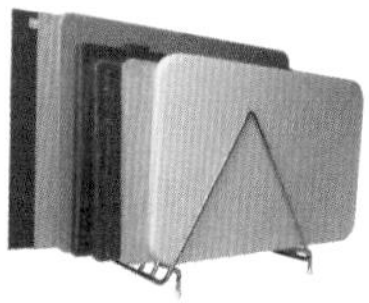	意制PDN S/S砧板架	30cm × 26cm × 27.5cm	砧板用立架，方便风干及取用，各色砧板方便辨别于不同用途
	PE营业砧板（黄、蓝）	45.5cm × 30cm × 2cm	
	日制木寿司盒	197mm × 117mm × 76mm	用于制作方形寿司的模具
	面切勺	8.5cm × 10cm / 柄长44.5cm	各型中式煮面勺

续表

商品	名称	规格	说明
	意制PDN单手佐料锅	12cm×H7cm	通常用于调制酱料，又称酱料锅或Sauce锅
	意制PDN铜制单手糖锅	16cm×H9cm	适合熬煮糖汁成浓稠状
	点火枪	18cm	为可重复充填燃气设计，点火时可产生母火引燃其他炉具
	进口S/S调理盆	1/3 321mm×175mm×153mm	美制不锈钢调理盆1/3及1/9尺寸附盖
	进口S/S调理盆用盖	1/3	
	进口S/S调理盆	1/9 173mm×105mm×102mm	
	进口S/S调理盆用盖	1/9	
	铁线条烤盘（原木柄）	23cm×23cm	简易型炭烤盘
	砧板：圆 / 铁木（硬质）A级	φ 45cm×H9cm	中式切 / 剁两用砧板
	进口雪平锅（铝）	18cm / 锅底厚度2mm	铝锅导热快，常用于烹煮乌龙面
	日制黑柄圆滤网	18cm	厨房通用型滤网勺
	日制S/S铁板烧盖	30cm	用于煎炒铁板烧料理时，盖上焖煮加速食物熟透

续表

商品	名称	规格	说明
	点火枪	L27.5cm	为可重复充填燃气设计，点火时可产生母火引燃其他炉具
	S/S调理桶（附盖）	∮34cm×34cm	不论中西餐厅，熬煮汤头都是重要的工作之一，因为制作量大所需时间也长，因此锅具本身容量大，且为了避免底部食材烧焦，锅底通常会有加厚的设计，避免过度高温，有助于慢火熬煮
	日制S/S捞面勺	24cm	多用于捞取煮好的意大利面条，使用时可以回旋让面条确实挂附在面勺上以免掉落
	小圆模（24连）	L365mm×W265mm×∮25mm	圆模为半球状设计，适用于制作章鱼烧等球状食物
	生蚝刀	12cm	主要是用来撬开生蚝壳之用
	日制亲子锅/含盖	18cm	用于烹煮亲子丼上的滑蛋
	进口保温饭锅/寿司锅	无插电/50人份/木纹（SS）	无煮饭功能，仅可保温用
	意制PDN研磨器		适用于小型豆类或芝麻研磨入菜
	港式锅铲（长木柄型）	5号	商用炒菜长柄锅铲
	S/S浮油滤勺	∮60mm/L255mm	可用于捞取汤汁表层的油脂

续表

商品	名称	规格	说明
	进口蟹剪	L20.5cm	可以用剪刀修剪掉蟹脚或其他不需要的部位，一长一短的设计让使用者可以利用较长的那个刀刃挖取蟹肉食用
	日制龙虾夹	L14cm	特殊的造型设计，方便施力将龙虾或蟹壳夹破，以便取肉食用
	S/S蟹叉（龙虾叉）	L19.5cm	食用龙虾或蟹类海鲜时，可提供客人用以挖取虾蟹肉食用
	意制PDN S/S核仁磨粉器	12cm	可将核仁等坚果磨粉入菜
	意制PDN沙拉搅拌器（蔬菜脱水器）	D33cm×H43cm/12lt.	将洗净冰镇过的生菜放入脱水备用
	分蛋器	173mm×70mm×30mm	可轻易分离蛋白与蛋黄，完整保留蛋黄
	意制PDN电动搅拌器	0.35kW，230V-50Hz，45L/3.3kg	大型锅具适用搅拌棒，可帮助打碎蔬果熬煮成汤底
	美制挤压罐	12oz 透明（红、黄）	用于盛装调味酱液，供厨师随手挤压使用
	拉面勺（横）	21cm	日式拉面勺
	铝平底锅（营业用）	24cm	适用于西式煎炒

续表

商品	名称	规格	说明
	鲛皮磨泥器	L13.8cm×W11.4cm	方便研磨各式蔬果成泥
	韩国防烫锅夹	（宽平口）	方便取用乌龙面锅或韩式烤肉饭锅等各种烫手小型锅具
	厨房用多功能剪刀	21cm	厨房剪刀主要用于修剪鱼鳍、虾须、虾脚或其他食材上无用之物。剪刀除本身较为粗厚锋利之外，设计上也方便使用者施力，并且有表面抗菌的功能
	桌上型电子切片机	12kg，115V或230V可选购	上下刀座可轻松拆换，依照需求更换8-16切片，厚度则有1/4"、3/8"、3/16"，多用于切熟肉片或番茄等水果
	桌上型刀具收纳盒	3.2kg	不锈钢材质可提供9"或12"刀存放，黑色插口可拆卸，方便清洗及更换不同模组的插口

续表

商品	名称	规格	说明
	壁挂式多功能刀具收纳盒	6.4kg，115V或230V可选购	采壁挂式设计，刀盒内附有紫外线杀菌及烘干的功能，红色插口可拆卸，方便清洁及更换不同模组的插口
	桌上固定式开罐器	9.5kg	不锈钢材质，齿轮及刀片均可更换并容易拆洗，适用于开大型罐头

Chapter 06 第六章

厨房规划

厨房的生产管理在餐饮管理中是极重要的组成部分。高水准的餐饮生产反映了餐饮的等级，并可确切呈现其特色。厨房的产能更是影响到整体的经营效益。优质的原物料和精湛的技艺，在具有效率的工作环境下，能够提升餐饮的赢利并降低成本；因此，厨房的规划设计在营运计划中必须做非常谨慎的分析，以决定各项细节需求量。

第一节　厨房规划的目标

餐厅业主及经营者常常会有新的构想、理念来规划厨房的空间，以降低营运成本及提高生产力。但往往须投下大量的资金换取宝贵的经验，进行多次的修改后方趋于完美。

厨房整体的基本成本考量不外乎以下三大要素：

①工作人员的素质及工作态度（攸关生产力的提升）；

②完善合理的设备配置及动线规划（攸关整体效益的提升）；

③食材购进后的保存及烹饪（攸关餐饮的最终表现）。

基于上述要素，在整体厨房的规划上绝对需要餐厅设计师、厨房设备厂商的厨房规划人员、业主、主厨或负责筹备的主管等人一起搭配合作完成。厨房的规划设计要考虑到餐厅料理形式、营业运作的量体、厨房空间大小、餐厅客席规模、营业时间长短及菜单内容等。

在目标的筹划上，大体而言必须能使现场人员拥有最大的方便性，进而提高工作效率加快出菜的速度并兼顾菜色品质。整体而言，其工作流程如图6-1所示。其确切要项归纳如下。

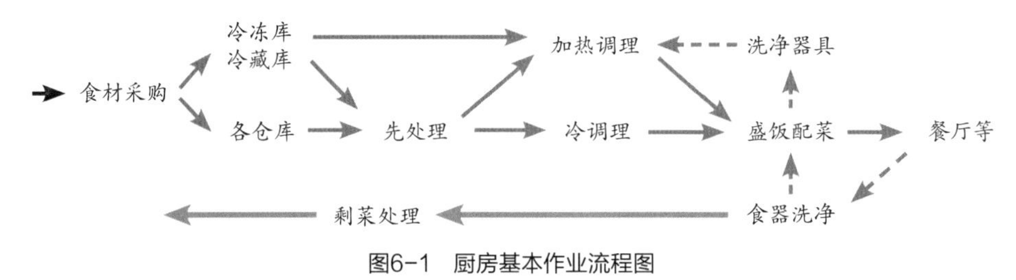

图6-1　厨房基本作业流程图

①搜集来自各方人员的意见（设计师、设备厂商、主厨及开店筹备主管）。

②营业场所中适当的厨房位置（考量现场空间、动线、进货路径、相关法规）。

③合理预算的编列，将钱花在刀刃上。

④生产过程能够流畅。

⑤良好的动线安排。

⑥提升工作人员的工作效率。

⑦环境卫生良好与安全性。

一、厨房位置的安排

决定厨房的位置是重要的第一步。厨房犹如人类的心脏一样，维系着其他各部门的运作。厨房位置的安排会影响到食物品质、来店用餐的顾客数、服务人员的工作效率等，因此位置的安排需要考量到营业场所的顺畅运作。

厨房位置从环境观点来看，通风、采光、排水设施、货物进出的通行路线，以及设备运作所需周边用品的置放，皆须慎重考量。如果餐厅是设在百货公司或卖场，则通常会由卖场预先规划厨房概略位置，如此每家餐厅的管路（如废水管、空调、消防等）都能更有效率地规划。厨房若是要设在地下层，最好限于地下第一层。此外，超过十层楼的地点设置厨房，在有关法律法规方面都有严格的特别限制，须特别注意。

二、厨房大小的安排

就多数业主的立场而言，多半希望厨房不要占据过多的面积，让所有的空间都能尽量保留给外场设置座席，以创造更多的业绩。然而，内部的环境不仅直接影响工作人员的生活、健康状态，更影响工作效率和情绪。唯有合理适当的空间能够兼顾工作人员营运操作、走动，并让设备能够有效率的规划摆放，才是最好的做法。因此，工作环境的面积大小是让厨房产能效率提升的重要因素。日本对于厨房面积的概算值有其相关表格数据，参阅表6-1。

表6-1　厨房面积

厨房种类	厨房面积占比	卫生设施、办公室、机电室等公共设施	具备条件
学校厨房	0.1平方米／儿童（人）	0.03~0.04平方米／儿童（人）	儿童700~1000人
学校中央厨房	0.1平方米／儿童（人）	0.05~0.06平方米／儿童（人）	儿童1000人以上
学校	0.4~0.6平方米／人	0.1~0.12平方米／人	人数700~1000人
医院	0.8~1.0平方米／床	0.27~0.3平方米／床	300床以上
小型团膳	0.3平方米／人	3.0~4.0平方米／人	50~100人
工厂	供需场所1/3~1/4	无其他公共设施	100~200人
一般餐馆	供需场所1/3	2.0~3.0平方米／人	
咖啡厅	供需场所1/5~1/10	2.0~3.0平方米／人	

在国内，厨房的面积大小通常是在厨房设计人员与业主的讨论下拟定，再与实际使用者共同讨论来做适度的调整。餐厅厨房的面积约为营业场所面积的25%至35%是较为恰当的。

三、厨房气流的压力规划

当客人进入餐厅的时候，若在外场闻到内场烹饪的味道，是一种不尊重客人的情况。同时也表示外场的压力远低于内场，使得气流由厨房向外扩散，显示出厨房的排烟系统必定功效不彰。对于一个餐厅而言，外场的空气一定要是最干净的，因此外场气流压力必须一直保持正压，也就是说：

餐厅外场的气压 > 餐厅厨房的气压（当开启厨房门时，外场的干净空气会流入厨房）

餐厅外场的气压 > 餐厅外的气压（当开启餐厅大门时，餐厅大门外会感受到冷气由餐厅往外吹出；室外灰尘也不至于吹入餐厅）

餐厅外场保持正压如上述状态会有以下的优点：

①给予客人凉快舒适的感受。

②防止灰尘、蚊虫等小病媒入侵。

③调节厨房的室内温度。

④调节厨房污浊的空气。

另外，针对空气流通对于厨房所产生的助益，阐述如下。

气体流通 就气体力学而言，当风速为1m/s时会使室内温度下降1度，虽然人们在室内不易感觉出气体在流动，但实际上适度的风速会使人感到舒适。

换气 由于工作人员的呼吸、流汗，以及工作时所产生的气味、二氧化碳、热度和水蒸气、油烟都会降低厨房的空气品质，因此必须把这些不好的异味适时地排出，导入新鲜空气以进行换气。然而换气量的多寡会影响到室内温度、室内湿度、气流速度、空气的清洁度。此四项并无特别规定，一般理想环境是在温度20~25℃，相对湿度65%左右，二氧化碳在0.1%以下。台湾地区的环保主管部门对于“室内空气质量管制”有其明文规范（见表6-2）。

表6-2 空气品质

室内空气质量建议值				
项目	建议值			单位
二氧化碳（CO_2）	8小时值	第1类	600	ppm（体积浓度百万分之一）
		第2类	1000	
一氧化碳（CO）	8小时值	第1类	2	ppm（体积浓度百万分之一）
		第2类	9	
甲醛（HCHO）	1小时值		0.1	ppm（体积浓度百万分之一）
总挥发性有机化合物（TVOC）	1小时值		3	ppm（体积浓度百万分之一）
细菌（Bacteria）	最高值	第1类	500	CFU/m^3（菌落数/立方米）
		第2类	1000	

续表

<table>
<tr><th colspan="5">室内空气质量建议值</th></tr>
<tr><th>项目</th><th colspan="2">建议值</th><th></th><th>单位</th></tr>
<tr><td>真菌（Fungi）</td><td>最高值</td><td>第2类</td><td>1000</td><td>CFU/m³（菌落数／立方米）</td></tr>
<tr><td rowspan="2">粒径小于等于10微米（μm）之悬浮微粒（PM10）</td><td rowspan="2">24小时值</td><td>第1类</td><td>60</td><td rowspan="2">μg/m³（微克／立方米）</td></tr>
<tr><td>第2类</td><td>150</td></tr>
<tr><td>粒径小于等于2.5微米（μm）之悬浮微粒（PM2.5）</td><td>24小时值</td><td></td><td>100</td><td>μg/m³（微克／立方米）</td></tr>
<tr><td rowspan="2">臭氧（O3）</td><td rowspan="2">8小时值</td><td>第1类</td><td>0.03</td><td rowspan="2">ppm（体积浓度百万分之一）</td></tr>
<tr><td>第2类</td><td>0.05</td></tr>
<tr><td>温度（Temperature）</td><td>1小时值</td><td>第1类</td><td>15至28</td><td>℃（摄氏度）</td></tr>
<tr><td colspan="5">1. 1小时值：指1小时内各测值之算术平均值或1小时累计采样之测值。</td></tr>
<tr><td colspan="5">2. 8小时值：指连续8个小时各测值之算术平均值或8小时累计采样测值。</td></tr>
<tr><td colspan="5">3. 24小时值：指连续24小时各测值之算术平均值或24小时累计采样测值。</td></tr>
<tr><td colspan="5">4. 最高值：依检测方法所规范采样方法之采样分析值。</td></tr>
<tr><td colspan="5">5. 第1类：指对室内空气品质有特别需求场所，包括学校及教育场所、儿童游乐场所、医疗场所、老人或残障照护场所等。</td></tr>
<tr><td colspan="5">6. 第2类：指一般大众聚集的公共场所及办公大楼，包括营业商场、交易市场、展览场所、办公大楼、地下街、大众运输工具及车站等室内场所。</td></tr>
</table>

四、其他基本设施

（一）墙壁与天花板

厨房的墙壁及天花板甚至门窗，都应该考虑以白色或浅色系的防火防水建材作为材质的选择依据。表面平滑利于日常的清洁，并且能够减少油脂和水汽的吸收，有助于使用年限的延长和清洁保养。靠近燃气炉、烤炉等高温火源的位置更应该选择耐热防火材质。

（二）地板

厨房全区无论是烹饪区、储藏室、清洁区、更衣室的地板，都应以耐用、无吸附性及容易洗涤的地砖来铺设，并且搭配适量的排水口，以方便频繁的冲刷及排水。烹饪区、清洁区的地板更需注意使用不易使人滑倒的材质。容易受到食品溅液或油污污染的区域，其地板应该使用抗油脂材料。此外，工作人员搭配专业的鞋具，安全效果更能够提升（见图6-2）。或是也可考虑钢头型式的工作鞋，除了兼具防滑、防泼水、抗酸碱的功能，对于重物或刀具掉落时也具有保护脚部的作用。

图6-2 厨师工作鞋

（三）排水

厨房地板因为冲刷频繁的缘故，对于壁面的防水措施和地面排水都要有审慎的规划。一般来说，壁面的防水措施应达30厘米为宜。如此可以避免因为长期的水分渗透，而导致壁面潮湿或是楼面地板渗水的问题。

而厨房的地面水平在铺设时就应考虑到良好的排水性，通常往排水口或排水沟的倾斜度约在1%（每1米长度倾斜1厘米）。而排水沟的设置距离墙壁须达3米，水沟与水沟间的间距为6米。因应设备的位置需求，其排水沟位置若需调整则必须注意其地板坡度的修正，勿因此导致排水不顺畅。设备本身下方通常有可调整水平的旋钮，以适应地板倾斜的问题，让设备仍能保持水平。

排水沟的宽度须达20厘米以上，深度需要15厘米以上，排水沟底部的坡度应在2%至4%。而为了便利清洁排水沟，防止细小残渣附着残留，水沟必须以不锈钢板材质一体成型的方式制作，并且让底板与侧板间的折角呈现一个半径5厘米的圆弧（见图6-3）。

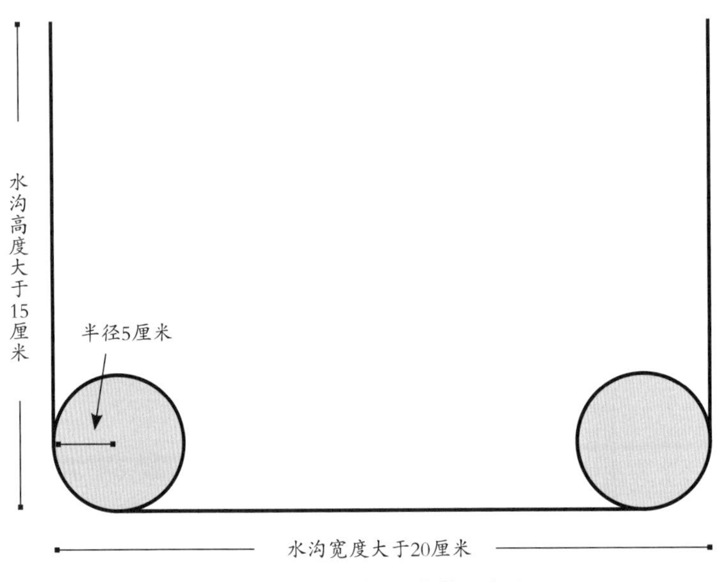

图6-3　厨房排水沟剖面规格示意图

同时排水沟的设计应尽量避免过度弯曲，以免影响水流顺畅度，排水口应设置防止虫媒、老鼠的侵入及食品菜渣的流出之设施，如滤网。排水沟末端须设置油脂截油槽，它具有三段式过滤油脂及废水的处理功能，并要有防止逆流设备。一般而言，排水沟的设计多采用开放式朝天沟，并搭配沟盖避免物品掉落沟中。

（四）采光

厨房是食物制备的场所，需有明净、光亮的环境才能将食物做最佳的呈现。规划照明设备时需考虑整体的照明及光色效果。光源的颜色（即灯具的色温）、照明方向、亮度及稳定性，都必须确保工作人员可以清楚地看见食物中有无其他异物混入，以保障用餐客人的饮食安全。足够的照明设备方能提供足够的亮度。

此外，也建议灯具采用有灯罩的款式，以避免不易清除的油烟污渍附着残留，这些污渍油烟除了影响照明效果，对于灯具的散热也会产生影响。而热食烹饪区上方油烟罩内的灯具，也应考虑搭配防爆灯罩，以保护人员及食物的安全。

（五）通风

厨房空间需要有足够的通风设备，通风排气口需要有防止虫媒、鼠媒、污染物进入的措施；同时，通风系统机具的设立须符合政府规定的需求。如有餐厅开设在大楼内部，其厨房内部安装的燃气热水器需附有强制排气装置，同时废弃排放需导向户外或与大厦的废弃排放管连接，以避免因燃烧不完全产生一氧化碳而有憾事发生。

（六）盥洗室

规划时应设置足够的盥洗设备，专供工作人员使用。所有的盥洗室均应与调理场所隔离，其化粪池更应距水源20米以上。建构盥洗室所采用的建材应为不透水、易洗、不纳垢的材料，门的设计需为自动关闭模式，另须有防止病媒进入措施，还须备有自来水、清洁剂、烘手器或擦手纸等清洁用具。

（七）洗手设备

洗手设备应充足并置于适当位置，一个厨房内可多处设置，方便作业人员在更换不同食材作业或必要时随时可以洗净双手，以避免交叉污染或细菌污染食物。洗手台所采用的建材应为不透水、易洗、不纳垢的材料，例如不锈钢；水龙头可考虑采用红外线感应给水方式，避免洗净的手又因关闭水龙头而再次遭受污染，同时兼具省水功能。

（八）水源

要有固定的水源与足够的供水量及储水设施，并且必须符合饮用水水质标准。水管的材质为无毒建材，蓄水塔须加盖并定期请专业的水塔清洁公司做清洁消毒。

综合上述将其归纳出整体的设计流程如下。

1. 图面设计

①确认建筑平面图与现场勘察。

②依比例完成初步规划。

③建立设备清单并排定设备摆放位置，绘制平面及立面图。

④业主确认清单项目、摆放位置。

⑤绘制给水、排水、电源、燃气、蒸汽位置图。

⑥绘制给、排风风管走势图。

⑦与建筑师或室内设计师协调配合。

2. 规划设定

①国内设备材质及制作规范选定。

②国外设备性能、规格、尺寸、功能选定。

3. 工程进度

①现场尺寸丈量。

②定期参加工地协调会。

③现场放样。

④确认水、电、燃气、蒸汽预留管路。

⑤勘察设备进场路径。

⑥安排设备进场时间。

⑦设备安装。

⑧试车。

⑨教育培训，提供操作说明书与技术手册。

⑩验收。

另外，工程进度的掌控、餐厅的开幕日、施工期间的各项杂支等，都与整体的成本预算有着莫大的关系。

第二节　厨房布局与生产流程控制

合理的厨房布局、优质的食品、高超的烹饪技术在生产中是同等重要的要素。厨房生产的工作流程、生产质量及劳动效率，在很大的程度上会受布局所影响。布局的可行性直接关系工作人员的工作方式与工作量，进而影响工作人员的工作态度，还会关系到部门之间的联系及投资费用等。因此厨房的规划布局需谨慎考量，避免产生流程的不合理和资金的浪费。

一、厨房布局

厨房布局就是根据厨房的建筑规模、形式、格局、生产流程以及各部门的作业关系，确定出厨房内各部门的位置以及设备的分布设置。为达到一个合理的布局目的，必须对许多因素详加考虑。

（一）影响布局的因素

厨房的格局与大小	场地的形状、实用面积大小、隔间。
厨房的生产功能	即厨房的生产形式（如中央厨房或团膳厨房），是加工厨房（简餐或咖啡厅以调理包微波搭配简易的烹饪）还是烹调厨房（一般餐厅厨房）。不同的生产功能，生产方式也会不同，布局必须与之相容。

厨房的生产设备	设备的种类、型号、功能、所需能源均会影响到摆放的位置和占据的面积，攸关厨房的基本格局。
公用设施的建构	电路、燃气、水线等管道的配置，在整体设备配置时，有效的搭配公用设施的建构，对于成本预算有着极大的影响。目前市面上许多烹饪设备都同时生产燃气及电力两种能源供业主选择。
各项法规的遵循	对于有关食品加工、卫生防疫、消防安全、环境保护等各项法规的了解与执行，业者在筹备前可先前往有关主管单位查询相关法规。
厨房的投资费用	资金的投入需要发挥其效率，攸关的是整体重新的规划还是既有设备的改造，全套厨房设备的成本应该不超过总投资金额的三分之一。

（二）厨房布局的实施目标

为了确保厨房布局的合理性和科学性，在设计布局上必须由工作人员、厨房管理者、设备专家、设计师共同研拟决定，以利达到下列目标。

①有效的投资，实现最大限度的投资回收。

②满足长远的生产要求，能够从全局考虑，对于厨房和餐厅面积的比例、厨房的格局应需注入未来发展规划的空间。

③生产中的各项流程都应保持顺畅，避免有交叉与回流的现象。

④部门与设备的配置需以提升工作效率、简化作业程序为其要项，避免工作人员在生产过程中多余的行走。

⑤对于有关食品加工、卫生防疫、消防安全、环境保护等各项法规的了解与执行，确实提供员工安全、卫生、舒适的工作环境。

⑥各项设施与设备的安置要便于清洁、维护、保养。

⑦主厨办公室最好能够观察到整体厨房的运作，以利切实督导各部门运作。

二、厨房的格局设计

厨房的格局必须根据厨房本身实际的工作负荷量来设计，以其性质与工作量大小作为决定所需设备种类、数量的依据，最后方能决定摆设的位置，以发挥最大的工作效率为原则。现今科技技术发达足以满足各项工作所需，因此规划设计上更加富有弹性变化。以目前厨房设计的规划，主要分为四种基本形态。阐述如下。

（一）背对背平行排列

有人将背对背平行排列形式的厨房称之为“岛屿排列”，其主要特点是将厨房的烹饪设备以一道小矮墙分隔为前后两部分，如此可将厨房主要设备作业区集中。也因为设备集中，所以通风设备使用量相对较低。主厨在营运尖峰时对于厨房所有人员设备也更能有效控制全体的作业程序，并可使厨房有关单位相互支援配合。

（二）直线式排列

直线式排列适合各式大小不同的厨房，也最为业界广泛使用。厨房的排烟设备也可以沿着墙壁一路延伸，在安装成本上也较为经济，在使用上效率也较高。

（三）L形排列

L形厨房之所以被规划出来，通常是碍于厨房整体长度不足，而必须沿着墙壁转弯而形成L形厨房，也因此在规划时，通常会将转角的两边厨房设施做大方向上的分类。例如一边是冷厨负责沙拉、生食或甜点的制作，另一边则为热食烹饪区，举凡蒸、煎、炒、煮、炸、烤都集中于此边，如此在管线规划及空调配置上也较好做配合。

（四）面对面平行排列

面对面平行排列的厨房通常用于员工餐厅、学生餐厅等大型团膳厨房。特点是将作业区的工作台集中横放在厨房中央，两工作台中间留有走道供人员通行。作业人员则采用面对面的方式进行工作。

另外，厨房的形状（见图6-4）有以下几种式样会被采用：

①纵长形或横长形。

②正方形。

③柱形与将墙面遮蔽的多角形。

④圆形或半圆形。

⑤综合式的多角形式变化。

可看见厨房和用餐区域即是所谓的“开放式厨房”；与用餐区完全被隔离即是所谓的“封闭式厨房”。格局的不同，设备排列的不同，都是为了需求及气氛的营造而被分别采用。

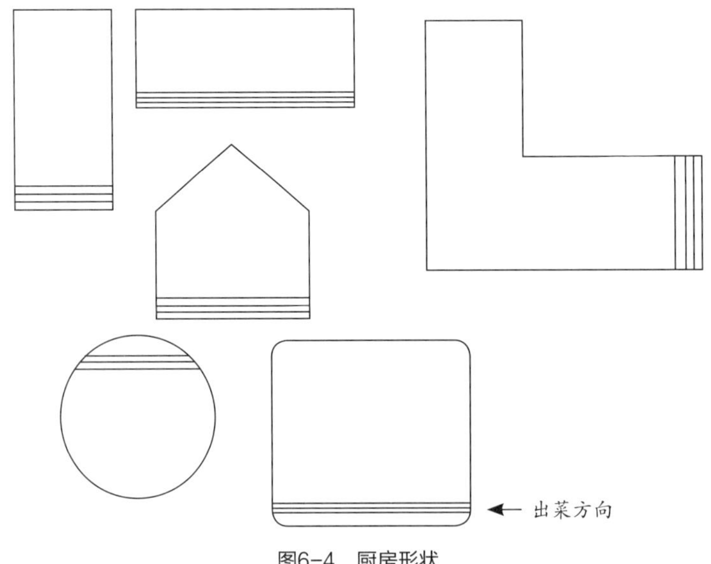

图6-4　厨房形状

三、烹饪过程与厨房的格局设计

一般烹饪调理程序不外乎以下几点。

①清洗：达到食品安全卫生的目的。

②裁切：达到调理与食用的方便性。

③半成品制作：完成初步烹饪。

④成品完成：后续加工制作与调味。

⑤美化：与其他食材搭配以创造美观的摆盘。

一连串的烹饪程序必须密切搭配着厨房的设计格局与设备的摆设，方能完成整体作业。就整体大原则配置顺序如图6-5所示。单独的各项工作区域相互之间具有连动性，是最好的格局设计。

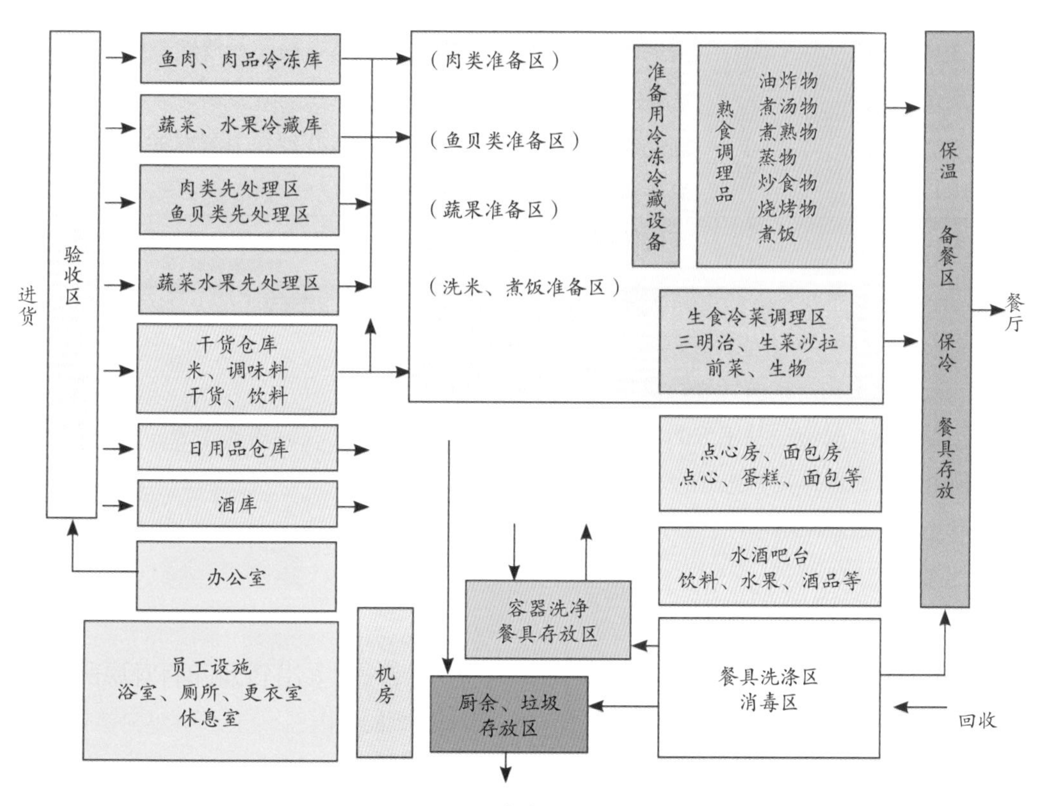

图6-5 厨房流程区域规划

第三节　厨房设备的设计

设备设计考量上，除了顾及业主的希望达到耐久性、多功能、方便使用、维护简单、费用低廉等因素，尚需考量到卫生安全的需求。亦即在符合各项法令规章的原则下，能够兼顾业主的利益需求来设计。

一、基本原则

（1）选用的设备应该是商用型，并且依照餐厅的座位数和营运型态决定设备的产能及尺寸。在正常使用情况下，所有的设备应能有良好的使用效率、使用年限、抗磨损、抗腐蚀，日常的清洁无死角并且可以有效率执行。

（2）维护或操作简单。设备的置放不一定是固定式的，易于操作、清洗，维护分解与拆解无须多考虑。

（3）与食品接触的设备表面必须是平滑的，且最好有抗菌处理。不能有破损与裂痕，不易割手，折角、死角都应容易洗刷，使污垢不易残留。

（4）与食品接触面应使用无吸附性、无毒、无臭、不会影响食品及清洁剂的材质。

（5）有毒金属（汞、铅或是有毒金属合金类）均会影响食品的安全性，绝对严禁使用；劣质的塑胶制品亦然。

（6）其他不会与食品接触的设备，若是易有污渍或需经常清洗的表面，应是平滑、不突出、无裂缝、易清洗及维护的。如果是电器设备，也必须具有防溅水功能、自动感应漏电的断电功能，并接妥接地线以免发生危险。

二、安装与固定

（1）在初始的图面确认无误并且经过放样及现场勘查后，即可进行后续的设备进场和安装。一般而言，放置在工作台或是桌面的设备除了要能随时挪动，方便使用及空间弹性利用之外，对于必须固定的设备，则必须确认至少离地面10厘米以上的高度，以利于清洗。

（2）地面上的设备，除了可以迅速移动，应把它固定在地板上或装置于水泥台上，并且以电焊或钻孔方式与地面固定。通常这样的安装适用于重型的设备，可避免滑动或地震时造成危害。安装时应注意在其左右两侧和后方预留适当空间，方便人员平日的清洗擦拭或捡拾掉落的物品或食材。

（3）设备不同其固定方式也有不同，由于高度、重量等因素会产生部分设备无法如预期的安装，因此须明确了解各种设备的安装方式及相互搭配性。

三、空调设计

健康舒适的工作环境，对于现场工作人员除了能够提供好的工作场所，也是提升工作效率的重要因素。因此，有效的换气能使室内空气保持在正常的状态，建立卫生、安全且舒适的工作环境。空调设计的主要目的是能够保持正常的室内空气组成成分、除臭、除湿、除尘、降温等需求。空调设计可依下列规划而有所不同。

①依照施行区域可分为：局部换气（抽油烟机）和全部换气（天窗）。

②依照换气方式可分为：自然换气（空气对流）和机械换气（强迫换气）。

自然换气主要是以促进室内空气循环为目的，通常是以房屋的门窗、天窗作为换气的通道，也必须依赖季节和风向，并利用室内外温差所产生的气流达到换气的目的。此种方法是最经济有效的换气方法，但是开放门窗易使室内受到灰尘沾染及病媒进入，因此必须有良好的防尘及防病媒进入措施，如纱窗、纱门。此外，需注意门窗附近不得有不良污染源或不良气味而致使室内遭受污染。自然换气的另一缺点是必须打开门窗而使厨房噪声外泄，给邻居造成噪声困扰。

当自然换气无法达到预期的换气效果，则可以利用机械式换气（抽风机、送风机、抽油烟机）将室内混浊的空气送出，而将室外空气吸入，达到换气的效果。现行所使用防范病媒进入的方法，多是在换气设备外围装置活动密闭百叶，当排气时盖子受到气压推挤而向外张开，关闭时随着重力而将排气口封闭，达到防止病媒侵入的目的。

局部换气的目的是直接去除室内局部场所内所产生的污染源，防止其扩散而污染了整个场所。调理场所中最常见的就是抽油烟机，该设备安装时须注意烟罩的宽度、高度以及电机的功率。

第四节　厨房设备设计的考量

设备设计时应符合人体特性，如人体的高度（如身高、坐高）、手伸直的宽度等。在身体不自然的弯曲且重复同样的动作时，背部肌肉会产生酸痛感。因此，比较实际的做法是使用能够适度调整高度的工作台，以配合工作者的身高。一般东方人士所适用的高度在75~85厘米。

至于大型的储物柜或冷冻柜，其置放商品应将常使用的物品存放在水平视线及腰线之间的高度（见图6-6），可使工作人员受到伤害的危险减到最小。如果必须使用到活动梯、台阶、梯子等攀高器材，其设备必须加装扶手栏杆等安全措施。

厨房地板的潮湿、油污，会严重影响到工作人员的安全。地板的铺设种类繁多，只有几种适用于厨房。无釉地砖不像其他类型的磁砖，其粗糙的陶瓷表面防滑性较好，而且其表面掺杂许多金刚砂，即使长期使用而致磨损，亦有防滑的效果。此外，地板若铺设橡胶地垫可提升防滑效应，也能降低商品意外摔落打破的情形，并能减缓工作人员长期站立的疲劳度。但必须注意的是防滑垫必须每日清洗，以维护工作环境的清洁（见图6-7）。

病媒的防范，在厨房里是不容忽视的一项课题，在每日工作结束休息前，除了垃圾、厨余的清运，所有设备的清洁是每日例行的公事，列举如下。

①各种炉具的油渍清除。

②排烟罩的清洗。

③工作台面的清洁。

④地面的清洁。

⑤餐具的清洁。

在基本的清洁措施完善之余，搭配着防止病媒进入的设备，方能大幅提升整体厨房空间的安全卫生。市面上贩售的捕蚊灯（见图6-8）、高频的驱鼠器（见图6-9），皆具有驱除虫鼠的效果。排烟管道末端须加装动力百叶，天窗须加装纱窗，甚至紧闭门窗以杜绝病媒的进入。若使用捕鼠板、捕蝇纸，需明确记录摆放位置与时间，以利定时巡视，切勿让病媒尸体因为滞留而产生更多病媒进入的因素。

排烟管道在长期使用后，其内部壁面会残留油垢，油垢是病媒的温床，若不清理在高

图6-6　商品放置示意图

具有防滑、吸振、排水佳的优点

可自由依照现场环境铺设不同颜色，也可做不同区域的区分（图中规格为W90cm×L150cm×H1.6cm）

图6-7　橡胶地垫

图6-8　捕蚊灯

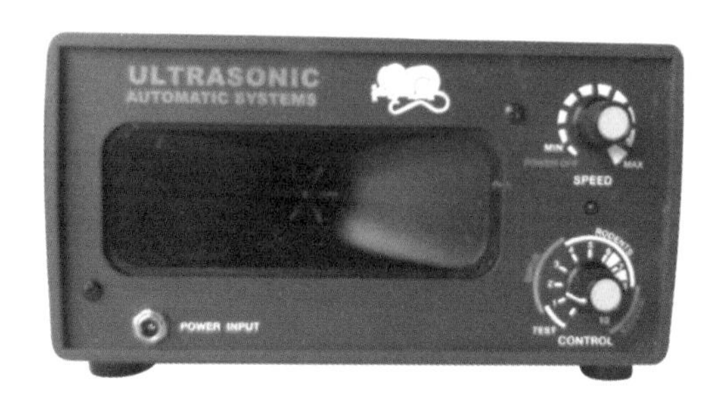

图6-9　驱鼠器

图6-10　维修口及开启开关

温下亦有燃烧之虞，所以必须寻求专业的清洁公司定期深入排烟管内部进行清洗。另外有些餐厅配备原木烤箱，强调以樱桃木或其他木头来燃烧烘烤食物，虽然可以提升美味，却更容易因积炭未能排出而残留于排烟管内，若不定期彻底清刷容易造成火灾发生，不可不加注意。因此厨房于排烟系统设计规划施工期间，必须于适当的位置安置维修口，以利日后的维护清洁保养（见图6-10）。

设备的固定与安装会因高度、重量等因素，而无法按照原定计划安装，因而改变其他固定方式，举凡各式固定方法（如地面固定、水泥底座、悬挂架设等），除了要有适度空间提供清洗、维护保养，设备底部或水泥底座底部与地面接触至少为0.635厘米的圆弧面，地板与壁面接触也是至少为0.635厘米直径的圆弧面，以减少死角的产生且容易清理。

第五节　厨房设计案例

一、厨房平面图设计图示

厨房平面图设计案例见图6-11至图6-16。

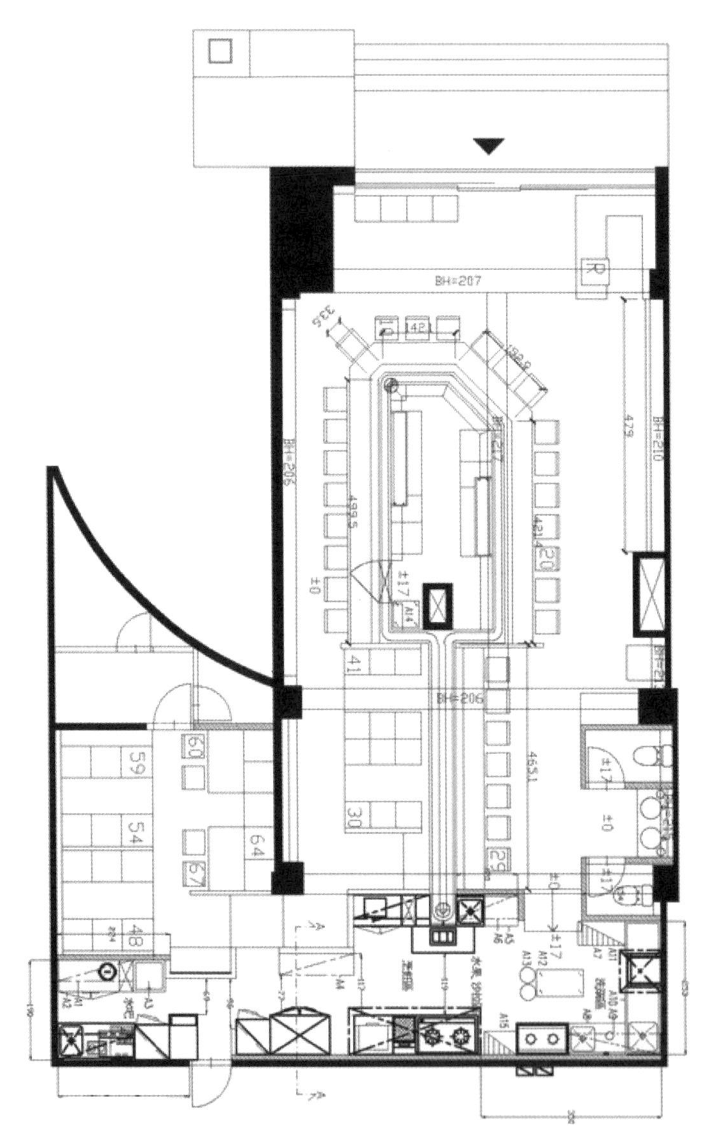

图6-11　厨房平面图一

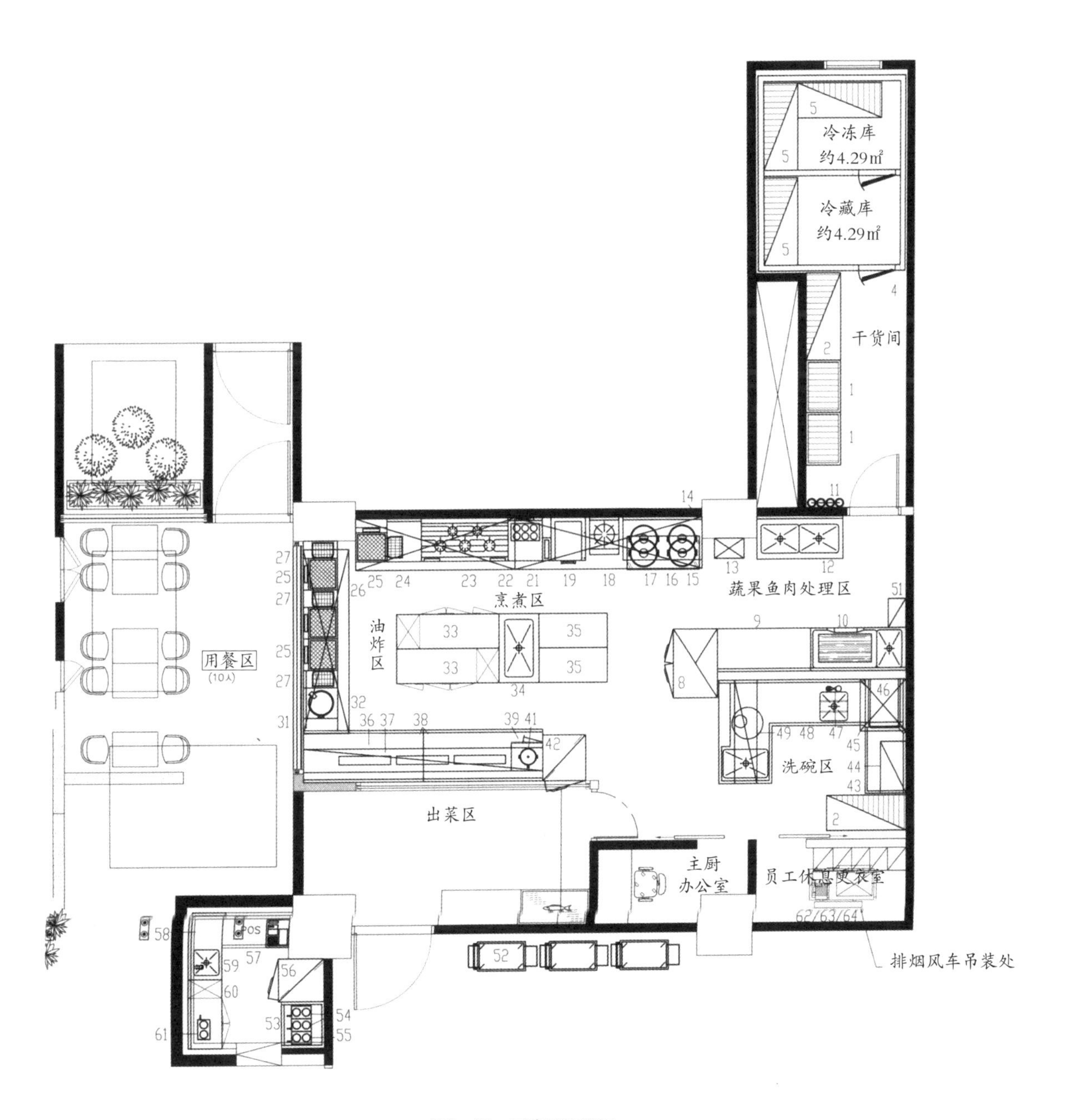
冷冻库
约4.29㎡
冷藏库
约4.29㎡
干货间
烹煮区
蔬果鱼肉处理区
油炸区
用餐区
(10人)
洗碗区
出菜区
主厨办公室
员工休息更衣室
排烟风车吊装处
POS

图6-12　厨房平面图二

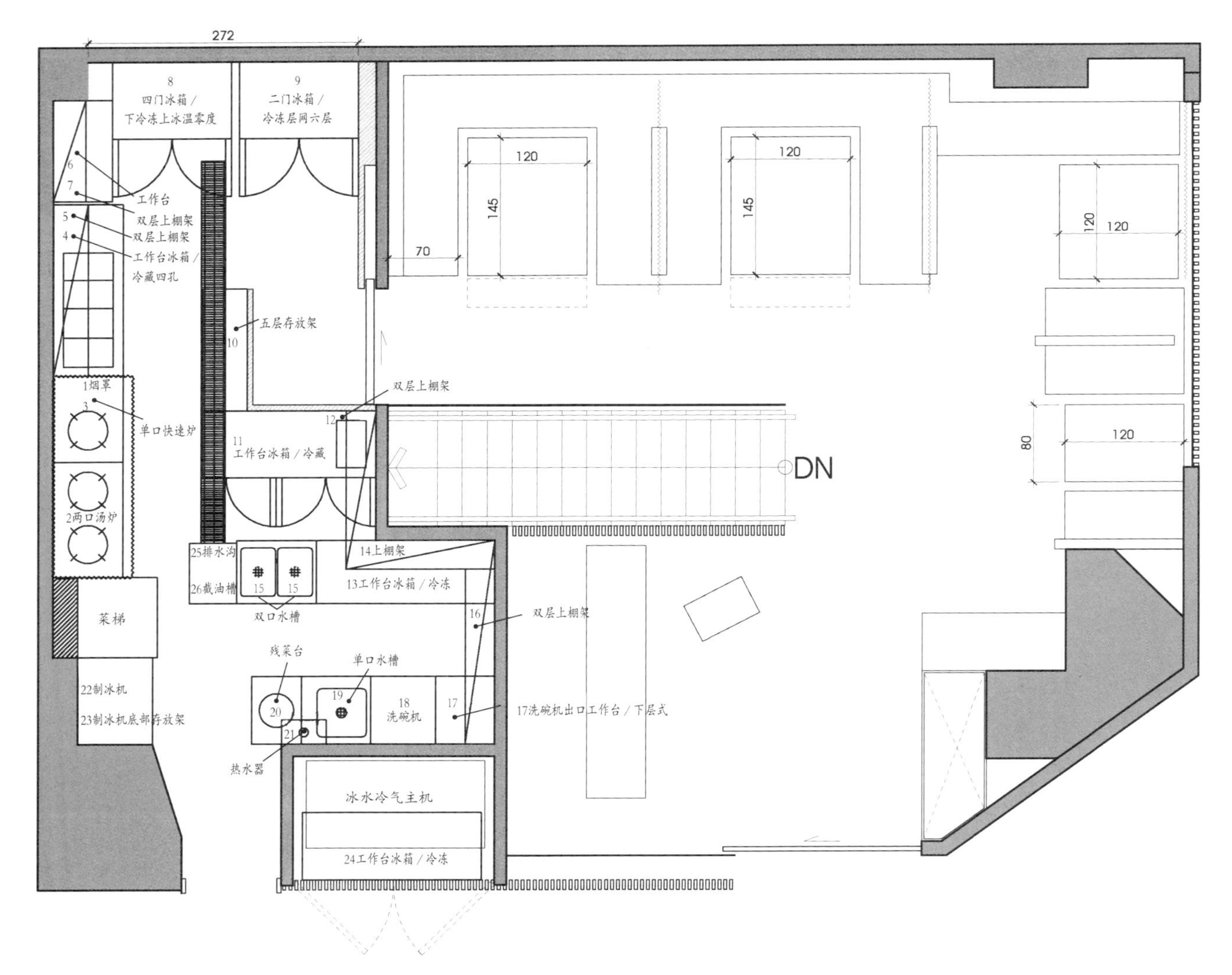
272
8
四门冰箱／
下冷冻上冰温零度
9
二门冰箱／
冷冻层网六层
6
7
工作台
双层上棚架
5
4
双层上棚架
工作台冰箱／
冷藏四孔
五层存放架
10
1烟罩
3
单口快速炉
2两口汤炉
11
工作台冰箱／冷藏
12
双层上棚架
DN
120
145
120
145
70
120
120
80
120
25排水沟
26截油槽
15
15
双口水槽
14上棚架
13工作台冰箱／冷冻
16
双层上棚架
菜梯
22制冰机
23制冰机底部存放架
残菜台
单口水槽
20
19
18
洗碗机
17
17洗碗机出口工作台／下层式
21
热水器
冰水冷气主机
24工作台冰箱／冷冻

图6-13 厨房平面图三

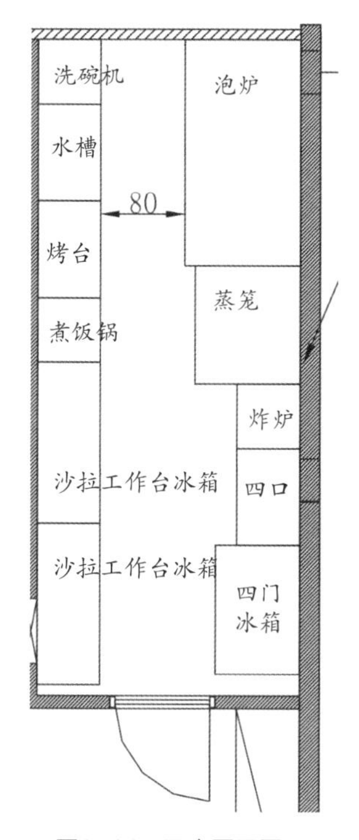

图6-14　厨房平面图四

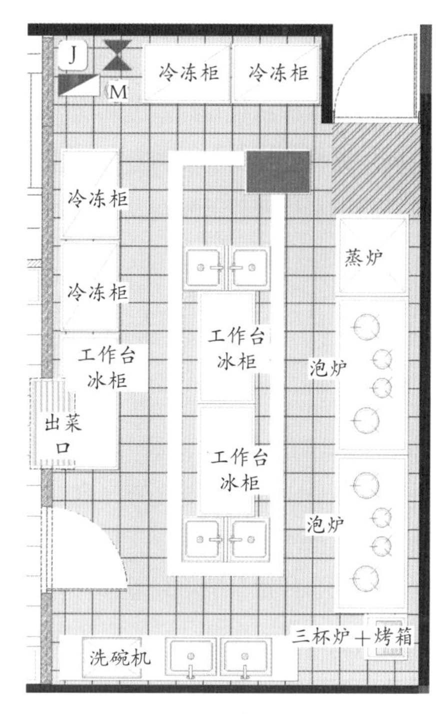

图6-15　厨房平面图五

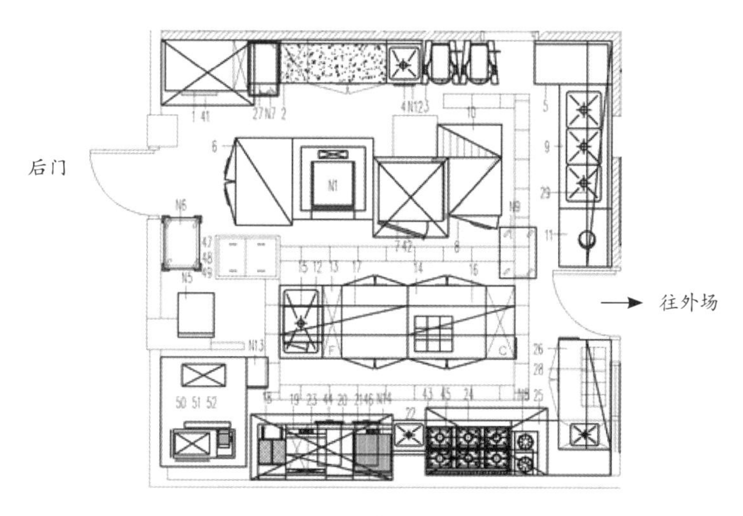

图6-16　厨房平面图六

二、设计要项说明

不论是哪一种形式的厨房设计，唯有掌握良好的动线规划与区域配置，才能让厨房整体效率提升，以奠定获利的基础。以下介绍区域配置与良好动线的掌握要点。

（一）冷藏柜、冷冻柜统一置放

①冷藏柜、冷冻柜的电力需求属于常态性不关电的设备，因此在规划上置放于同一区

以利于电力的配置，并且应该各自有独立的开关，才不至于在维修关闭电源时其他正常运作的冷冻冷藏设备也跟着被关闭。

②置放靠近进货动线开端，以利商品存放。

③避免与热食区共置，以利设备散热效应顺畅。

④良好的排水规划利于冲刷及除霜时溶水的排出。

（二）准备区的设置

准备区的设置应掌握下列要点（见图6-17）。

①邻近冷藏柜、冷冻柜、干货储藏室，存取方便。

②各式原物料集中处理，利于食材管理以达到良好的成本管理。

（三）热食区的设置

热食区的设置应掌握下列要点（见图6-18）。

①排烟罩整体统一规划。

②排烟量利于计算（电机功率的设置）。

③壁面隔热效应整体统一规划（水泥壁面、砖块壁面的耐热度与隔热效果好，其壁面若有壁砖的设置，不易脱落）。

④消防系统整体统一规划，使用利于排烟罩内的简易型消防系统、防爆灯泡等设置。

⑤大型炉火的设备能量大致以燃气为原则，另较为小型的设备则偏向以电力为其供应能量。因此电力管线、燃气管线、水力管线须做整体规划。

（四）生食区的设置

生食区的设置应掌握下列要点（见图6-19）。

图6-17　准备区的设置

图6-18　热食区的设置

①生鱼片的料理基于安全卫生上的考量，应以不易遭受污染之规则为其重点。

②生菜沙拉所需的各种酱料须独立制作，避免相互受到病菌的感染。

③提供该区域冷藏的设备，切忌与热食商品共用冷藏设备。

图6-19 左侧为生食区工作台，右侧为点心区工作台

（五）点心区的设置

点心区的设置应掌握下列要点（见图6-19）。

①糕点、水果类、冰品等制作，基于安全卫生的考量，应以不易受污染之规则为其重点。

②提供该区域冷藏的设备，切忌与热食商品共用冷藏设备，同时也建议将冰存水果、蛋糕西点的冰箱，与蔬菜、甚至肉品的冷藏冰箱区分开来，除了可避免食物交叉污染，也能避免异味互相影响进而破坏水果及西点蛋糕的风味。

（六）饮料区的设置

饮料区的设置应掌握下列要点。

①提供气体饮料，其高压瓶需统一置放。

②可食性冰块的制作独立。

③热饮设备电力的统一规划。

（七）出菜口（备菜区区域）的设置

出菜口的设置应掌握下列要点。

①出菜口防火区块的变更，须加装消防连动闸门，以维持消防安全区块的完整性。

②餐点端出前的准备，不可因餐点数量过大而有重叠之状。热食出菜台应装设保温灯具，以维持食物的温度。

③具有餐车运送之规划，必须重视其餐车的清洁与美观，且空间的规划需充裕，以利餐车的进出及摆放。

（八）餐具置放的设置

餐具的置放应掌握下列要点。

①餐具的摆放和收藏须具备防尘、防病媒的功能。

②直立式空间的运用，轻而占空间的餐具（如外带用餐具）置放于上层，常态型店内消费者使用的餐具宜置放于易取、易整理之处。

（九）厨余、垃圾存放区的设置

厨余及垃圾存放区的设置应掌握下列要点。

①一般而言，此区域的设置会邻近调理区与餐具回收的位置，以利料理区域与餐具回收区域所产生的垃圾、厨余能够方便的共同存放。

②距离出口近，以利运送。

③垃圾分类设备必须明确。

④独立的空间能够确实处置垃圾与厨余，避免病媒的滋生。

（十）洗涤区的设置

洗涤区的设置应掌握下列要点（见图6-20）。

①洗涤区地板的防滑设施。

②区域大小的设置不因厨房其他设备的设置而致使整体洗涤区过小。

③餐具暂存区应保持清洁，其位置搭配动线的规划，以利工作人员顺畅且安全地将已清洁的餐具置放于正确位置。

④热水器的能源来自燃气或电能，环境的通风状况、排放废气状况需良好，以防范通风不佳致使中毒现象产生。

⑤壁面的导水性、防水性应良好。

图6-20 洗涤区的设置

三、厨房规划时所面临的问题

在厨房的规划上，所面临的现实问题有如下几个方面。

厨房预算的短缺

许多非专业的业主往往为降低投资的成本，并急欲创造利润，而在初始的规划上或设备采购上多有所节制，或是花费大把预算在外场的美观及氛围创造上，而过度压缩了后场厨房的预算编列，进而导致营运之后的运作不顺畅或设备不敷使用的情况。届时只会因为厨房产能的不足而无法创造更高的业绩，实在相当可惜。此外，筹备期间在工作进度的掌控，要与施工单位明确制订进度表，才能够在万全的准备下开始对外营运，而非仓促地营运。

厨房设备的选择

提供厨房设备的厂商，往往会因希望销售商品而有夸大不实的说辞，或为了配合业主预算而过度吹嘘设备的产能。在选购各项设备时应仔细评估是否需要添购，以及设备是否足以适应将来的营运需求。特殊的设备是否确实需要从国外引进，厨房设备的保养、维护厨房设备的厂商能否有效率地进行维修并有充足的零件备料，这些都是设备采购时应思考的问题。

厨房内部空间不足

座席区是餐厅经济收入的来源，厨房是餐厅的心脏，许多业主往往为使座位数增加，而大幅压缩厨房的工作空间，致使厨房内部工作人员的工作环境不佳，此举实在不可取。适度地调整厨房的大小无可厚非，先决是厨房所应具备的条件也需要确实掌握。最常发现的状况是厨房走道的狭窄、储藏空间的凌乱、动线相互交叉、食材整理区域在座席区等，在此恶性循环下，厨房的卫生安全管理堪忧。

Chapter 07 第七章

餐饮信息电脑设备系统概述

第一节　科技产品对餐饮业的影响

科技的力量让每一个人的生活有了重大的转变，也让每一个人的工作面临重大的挑战。产业要转型、效率要提升，信息产品在这过程中绝对是一个不可或缺的角色。于是，消费者享受到科技所带来的便利，而业者也必须跟紧脚步扩充设备，提升人员素质，提高人员训练时程，以驾驭这些信息器材，来提升工作的效率及企业的形象。

而餐饮业，这个古老又一直存在的产业，除了通过师傅们精巧的厨艺，来展现出中国人最讲究的色、香、味俱全的好菜以吸引顾客，雅致的用餐环境、亲切的餐饮服务、合理公道的价位、环境的卫生、地点的好坏、品牌的口碑等，这些都是餐厅能否成功经营的要素。然而，这句话套在过去的年代或许是对的，但是以现今的科技时代标准来看，它似乎还必须再加上专业的经理人，以及一套实用的餐饮信息系统作为搭配。曾几何时，越来越多餐厅的服务员不再以三联单来为客人点菜，厨房的师傅也不再需要忍受外场人员用潦草的字迹写下的菜名及分量，当然，出纳结账时，面对着一张张工整清晰的电脑打印账单，出错的机会自然也减少了许多。于是，大家的工作效率提升了，心情自然变好，微笑多了，服务自然也好了。

第二节　跨国连锁餐厅率先引进餐饮信息系统

在20世纪80年代，跨国速食业者陆续在台湾成立，并大张旗鼓地在各个角落开启分店，用令人咋舌的预算大做广告，一时之间麦当劳成了速食业的代名词，肯德基、德州小骑士、汉堡王、必胜客这些跨国的餐饮集团，几乎颠覆了台湾社会千百年来的餐饮习惯及餐饮业界的生态。接着，跨国的美式餐厅T. G. I. Friday's、茹丝葵、Chilis、Planet Hollywood以及Hard Rock Café等，相继在台北、台中、台南等地开设分店，更是改变了消费者对饮食的价值观。这些大型跨国餐饮集团给台湾业者带来教训，展现出另类的餐饮食品，也有其忠诚的消费群体，庞大的营销预算、美式的专业经营管理、标准作业程序（Standard Operation Procedure, SOP）的建立、大量的引进实习生以节省人事成本以及餐饮资讯系统的导入增加工作的效率、管理者在发觉问题能见度上的提升等，都是过去本地餐饮业者所不曾做过的事。

它让人了解到餐饮业其实是可以被信息化的，在采购的流程、餐点的配方、人员出勤纪律的考核、分层负责的管理、菜单的设计与更新等，都可以借由信息科技予以透明化及效率化。

从此每个月到了发薪日，不再看到员工及主管拿着打卡钟的出勤卡，为了究竟工作多少时数争得面红耳赤；客人不再在出纳柜台为了结账人员一时的计算错误造成多付餐点金额而不悦；外场经理也不用再与主厨一起凭“感觉”瞎猜究竟是哪一道菜卖不好，而哪一道菜又卖得最好，这就是科技。

管理，本来就是一门学问、一种科学，而信息系统借由其庞大且快速的运算统计及分析汇整的能力，适时地为使用者提供了最正确的信息，进而做出最正确的决定，随之而来的是更低的成本、更高的业绩、更符合市场需求的营销活动、产品，以及更强大的企业竞争力。

第三节　餐饮信息系统被业者接受的原因

一、餐饮业经营者及经理人的管理素养提升

近十年来，多数的台湾地区餐饮业者及经理人渐渐认同了餐饮信息系统所提供的优点，有了这个共识之后才有可能考虑采购使用。有了餐饮信息系统之后，业主对厨师的订货议价、对现场管理者的正直诚信度、对出纳人员的信任度都提升了，减少了许多不必要的猜忌，自然能将更多的心思花在正确的方面。这些信息软件忠诚地提列出各项报表，少了笔误也少了欲盖弥彰的修正。自然地，这些报表也有了可信度，而不合理的数字随即也成了判断问题产生的风向球。管理者有了它，能更有效率地去发现问题并解决问题，而业主也能由这些报表中看出经营者的素质以及管理者的管理绩效。

二、餐饮从业人员的优质化

台湾地区的社会工作人口虽然因为前几年经济衰退而停滞不前，失业率的居高不下反而造成目前业界人口素质的提升。时常在新闻报道中看到某县市环保局招考清洁人员，或是某小学招考工人数名，吸引成百上千位求职者前往报名应试，其中不乏具有硕士学位甚至是留学背景的知识分子。

餐饮业也不例外，在20世纪80年代，台湾地区大概只有文化大学观光系、世界新专（已升格为世新大学）观光科、铭传商专（已升格为铭传大学）观光科、醒吾商专（已升格为醒吾技术学院）观光科等少数几所大专院校设有观光科系，并附有几门餐饮管理的相关学分课程。然而不到二十年光景，台湾地区已有数十所大专院校及高职设有餐饮管理科系（已与观光科系或旅馆管理科系有所区隔），更多的大学院校相继投入培养观光餐饮方面的人才。近年来更有许多年轻学子远赴美国、瑞士或澳洲，接受食品科学、餐饮经营、财务管理、成本控制、采购、营销、消费心理、人力资源等专业课程，希望能提高自己在

职场的竞争力。

业界乐见这个行业有更多的年轻人能带着学校所学踏入职场，一来提高业界的竞争力；二来也连带提升餐饮管理专业经理人的社会价值与地位，而不再像过去总是被讥笑为不过就是一个穿着体面还是得端盘子的资深服务员。

三、信息软件的本土化

在20世纪80年代跨国餐饮集团陆续进入台湾市场之际，也同时导入了餐饮信息系统。在当时如此陌生的“机器”或许已经在物流业、制造业被台湾业者导入，但是对于习惯以三联单作为各部门沟通及稽核的餐饮业，却是一个全新的课题。本地业者对于是否导入的诸多考量在于以下几点。

（一）界面

既然是国外的软件当然是以英文的界面为主，单单是操作者的英文能力即是一个考量。因为不懂英文，即使电脑设计得再人性化、简单化，操作上仍旧有盲点，况且对于中式餐厅来说，菜名的输入也是个问题。

（二）单价昂贵

在当时的时代背景下，Micros系统可说是在美国最具权威性的餐饮信息系统，因属小众市场所以产品价格一直居高不下。较大型的餐厅若配置六至十台POS机（Point of Sales，销售点），可能必须花费几十万人民币来购置。

（三）操作画面生硬

当时的餐饮信息系统多半以专业电脑程式语言写入，直接在DOS模式下执行容易造成操作者的抗拒及不适应。

（四）训练时间长、成本高

正因为属于英文界面，而且在DOS模式环境下执行操作，一名服务员需要花上数周进行训练，其所衍生出来的训练成本（训练员及被训练者的薪资、不当操作的潜在损坏、输入错误进而造成食物成本的浪费或营收的短少），都是业者裹足不前的原因。

而现今之所以可以本土化，主要的原因乃是台湾地区的业者自行研发类似的软件，功能甚至更强，并以中文作界面、Windows作业环境、人性化的触控屏幕搭配防呆设计、简易的操作引导以及合理的价格，完全解决了上述的四个问题，自然也就能够普及化、本土化了。

四、信息设备的简单化

过去从国外进口的餐饮软件多半属于专利商品，连带其外观、零件、体积及工作环境都有较高的规格。而现今许多台湾地区的业者也都早已具备成熟的生产技术，开发生产类似的电脑硬件，例如单一机体的电脑并附有触控式屏幕，搭配热感纸卷之打印机，或视需要再加装主机服务器即可操作运用。而比较值得一提的是，因为台湾地区设有统一发票的制度，因此在软件设计之初便将统一发票的管理纳入其下重要功能之一，这是国外软件所没有的，也间接让餐厅会计人员在申报营业税时，有了更方便的软件作为协助。而早期国外的信息软件甚至偶有发生与发票机无法连动或同步的问题，造成出纳人员、财务稽核人员与缴税单位之间的困扰。

五、信息设备的无线化

随着周休假制度的实施，台湾地区各个风景休憩场所每逢周休假期总是挤满休闲的民众及消费者。包厢式设计的KTV、大型的餐厅、木栅空旷地区的户外露天茶庄、北投或是知本的温泉露天泡汤区、国父纪念馆广场的大型园游会都是乐了消费者，却苦了腿都快跑断的服务人员。除了体力上的负担，也间接影响了服务的质量，此时若能导入无线化的设备，例如服务员配备无线电对讲机及平板电脑或智能手机（见图7-1）与餐饮信息系统作无线的数据传输，不但提升了效率，对于服务质量与企业形象也有所帮助。

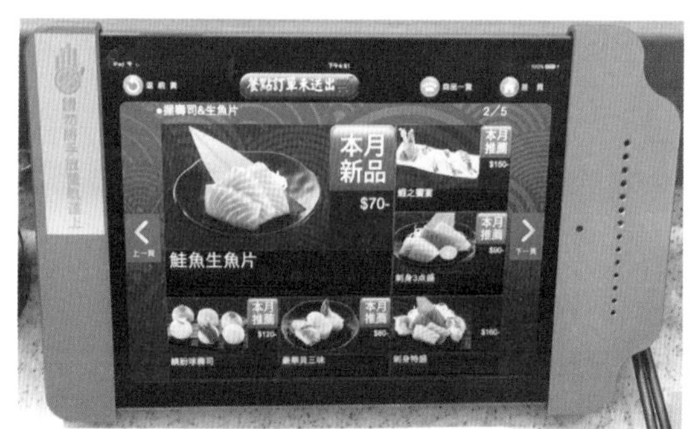

图7-1　平板点餐信息设备

六、信息软件的低价化

随着国内业者的潜心研发，适合国内餐饮环境所设计的软件近几年来如雨后春笋般不断地推出。相较于国外进口产品，国内自行研发的软件最大的特色就是贴近使用者的需求。同文同种的国人在同一个环境下生活，其思考逻辑自然是较近似于使用者。不断地沟通、修正、改版，促使这些本土产品深受国内餐饮业者的青睐，销售量提升的同时单位成本自然得以下降。就笔者了解，目前一套简易的国产餐饮信息软件连带周边硬件设备，可能只需原先进口国外餐饮信息系统三分之一的价格即可购得。最近甚至有业者以按月收费的方式提供点餐服务、周边硬件设备，如平板电脑、打印机、wifi设备搭配云端储存空间及日常的咨询和维护，省却业者开办初期动辄数十万的投资费用。并且提供具有多年餐饮经验的顾问作为咨询，协助业者判读报表资讯，给予营运上的建议，算是一种另类的商业服务模式，甚受欢迎。

七、维修无界化

在过去的经验中，餐饮业者如果不幸发生软硬件的故障而无法使用时，可以利用维修专线请工程师尽快到场维修，做零件的更换或是软件的调校修改。然而，现今因为网络发达以及软件的自我侦错能力不断提升，除非是硬件零件更换需到场进行修护之外，很多的软件修改设定均能通过简易的对话窗口引导使用者自行维护，或是利用网络让工程师连线后进行远端维护。这些功能大幅降低了餐厅业者的不安全感，进而增加使用接受度。

第四节　餐饮信息系统与CRM紧密的结合

顾客关系管理（Customer Relationship Management，CRM）是近年来很热门的一个营销课题。其主要的意义就是更深入了解顾客消费习性、更贴切去迎合满足顾客需求的一种“一对一”的营销概念。餐厅如果能确实建立顾客资料，除了生日、地址、电话，举凡客人用餐的口味需求、饮食习性、座席偏好、甚至结账方式（何种信用卡），将来在营销策略的规划上就更能贴近顾客需求，得到最好的顾客满意度。

餐饮管理信息系统最大的功能之一，就是其庞大快速的计算、统计、筛选序列的能力。例如通过它的强大功能，使用者可以在弹指之间得到依照生日月份所排列出的顾客名单，进而对生日顾客进行贴切的问候，并提供顾客来店庆生的优惠；筛选女性顾客，并针对“粉领族”的顾客给予下午茶的优惠；筛选出特定职业的顾客，并在其专属的节日里提供贴心的问候及用餐的优惠。

第五节　餐饮信息系统对使用者的好处

一、餐饮信息系统对业主的好处

对于餐饮业主而言，餐饮管理信息系统除了能够提供自己一份完整的营业记录，对于各项成本的控制也有相当大的监督作用。通过餐饮信息软件所预设的分层授权功能，修改及折扣的设定能让餐厅内的营收、折扣、食材物料的进销存有一定的管制，避免人谋不臧或浪费的情况发生。

业主对于报表数字上的变化，也能作为对现场管理者的管理绩效进行最客观的解析。这正是人们常说“数字会说话”的道理所在。借由历史资料的回顾比对来剖析现场管理者的经营管理能力。

二、餐饮信息系统对营运主管的好处

对于餐厅现场的营运主管而言，餐饮信息系统能提高营运的顺畅度。例如使厨房与外场的沟通更顺畅、结账及点菜的出错率可以降低、减少客人不必要的久候以及餐厅形象的提升等。而对于一位专业经理人而言，餐饮信息系统所扮演的角色绝对不只单单如上所述，其真正的价值乃是这套餐饮信息系统所提供的各式报表功能，有了这些报表就如同船长有了罗盘及卫星定位系统，可以带领这艘船驶往正确的方向。经理人借由员工出勤纪录了解员工的作息出勤是否正常；借由销售统计报表了解哪些菜式热卖，哪些菜式不受青睐可考虑删除；借由折扣统计报表了解哪些促销活动方向正确获得顾客青睐，提高来店频率或消费金额。

经理人必须发挥所学专长，从数字去发现问题并了解每一个数字背后所延伸的意义，进而发现问题本质，并改善问题以创造最大利润。

三、餐饮信息系统对财务主管的好处

财务主管虽然不在餐厅现场参与营运事务，但是经由每日的各式报表能为业主提供正确的信息及建议，不论是在现金的调度、货款金额的确认与发放、年终奖金的提取或是折旧的分期摊提，都能为业主提供一个思考的方向。

当然，有了这些报表，对于现场的现金、食材物料及固定资产等，也能发挥稽核的功能。对于每周、每月或是每季所召开的例行营运会议、股东会议，也能借由餐饮信息软件提供第一手正确的各式报表进行检讨，大量节省财务主管制作各式报表甚至以手工登录制作报表的冗长作业时间。

四、餐饮信息系统对百货商场的好处

对于购物中心、商场所规划附设的餐饮区，因现今商场大多对承租的餐饮专柜之租金收入采取营业额抽成的方式。此时商场与餐饮专柜间的营业额确认，就有赖于餐饮信息系统与商场的结账系统进行连线以利稽核，避免不必要的争议。

五、餐饮信息系统对使用者的好处

（一）厨房、吧台人员

过去的经验里，厨房及吧台的工作人员总是无奈地被迫接受外场服务人员以潦草的字迹写在不甚清楚的复写三联单上。光是文字的判读就浪费厨师们不少时间，无形中也增加了出错率。有了餐饮信息软件，外场通过餐饮信息系统点菜，再经由厨房的打印机就能打印出字迹工整清楚的菜单，如果预算宽裕，还可以在厨房加挂抬头显示器，让厨房师傅能利用电脑屏幕了解所需制作的品项，进而依照每一道菜所需的烹饪时间，调整制作的顺序，让同桌的顾客可以一起享用到不同的餐点。

（二）外场服务人员

餐饮管理信息系统对于餐厅现场第一线的服务人员，最直接的益处在于效率。通过餐厅现场配置的POS（销售点）机快速地输入桌号、人数、餐点内容，存档送出后，使厨房及吧台能在第一时间收到单子并随即进行制作。而此时餐厅内包括前台、出纳及任何一台POS机均已经同步更新资料，免除了过去手开三联单并逐一送到厨房、吧台以及出纳的时间。另外，员工每日出勤都能利用POS机进行打卡上班的动作，通过先前输入的排班表随即可以统计上班时数并避免上错班的窘境。

（三）出纳人员

通过餐饮信息系统，出纳人员面对客人结账目的要求时，只要输入正确的桌号即能得到正确金额的账单明细。当客人以现金结账时，出纳人员输入所收金额，系统会自动告知出纳人员应找余额。若是以信用卡结账，系统也能够与银行所设置的刷卡机连线，直接告知刷卡机应付金额，而出纳人员只要进行刷卡动作，即可避免掉输入错误金额的机会，使消费者权益更有保障。而交班结账时，也能通过系统打印交班明细和总表以进行交接。

（四）领台带位人员

领台人员借由餐饮信息系统先前为餐厅量身绘制的楼面图，清楚地表现在电脑屏幕上。并利用系统预设的功能，加上与外场POS机及出纳结账的电脑进行连线，依照当桌用餐的进度赋予不同的颜色，让前台人员对楼面状况一目了然。例如，以红色代表客人已点餐并在用餐中；白色代表空桌；绿色代表已经用完餐结完账即将离开；黄色代表已带入桌位但尚未点餐等，如此遇有客满的情况时，前台人员较能够精确掌握楼面状况，并预告现场等候桌位的客人可能需要等候的时间。

六、餐饮信息系统对消费者的好处

经由餐饮信息系统带给餐厅完善的管理及成本的有效控制，自然能带给餐厅更多的利润，进而提升竞争力并惠及消费大众。此外，客人若是对账单有异议时，也能借由账单的序号或桌号查询明细以避免争议。

第六节　餐厅安装餐饮信息系统所需注意的要点

餐厅在导入餐饮信息系统之后，虽然可以享受电脑科技所带来的便利，对于信息系统的建置与维护保养，仍应有以下几项要点须注意。

一、不断电系统的必要性

试想，餐厅于用餐尖峰时段正忙得不可开交之际，若不幸正巧遇上停电的窘境，即使是位处高级的商业大楼或是购物中心，紧急电力的供应多半只能提供紧急照明、消防保全设备及电梯的正常运作。此时，餐饮信息系统若没有搭配一个专属的不断电系统来（Uninterrupted Power System, UPS）支应，势必严重影响餐厅营运的顺畅度。因为电脑的停摆，服务人员无法正常地点菜，出纳人员也无法从电脑中调出客人的账单进行结账的动作，而更严重的是——很可能在停电的瞬间电脑信息系统未能来得及储存当时的营运资料进行备份，从而造成无法挽回的遗憾。

市面上的电脑卖场普遍都有贩售各式的UPS系统，商家可以依照自己的需求及预算来购置，而其主要的差异是在于充电和供电的时间长度。

二、定期资料备份

为求营业资料的永续储存，作为日后做重大营运策略时可以调出历史营业资料来做参考，建议商家能定期进行资料的备份。虽然餐饮信息系统的主机已经配有大小不等的硬盘进行储存，但是若能搭配刻录机将资料刻成光盘储存作为备份，会是更为妥当的做法。

三、触控式屏幕的保护

触控式屏幕（见图7-2）的最大好处就是快捷便利。然而，餐厅的环境毕竟不如一般的办公室或是零售商店，外场服务人员难免有时候会因为刚收送餐点或是洗完手，而让自己的手指仍带有油渍或是水滴，此时若是未先将手彻底洗净并擦拭或烘干就直接操作触控式屏幕，则容易造成屏幕的损坏。此外，不当的敲击或是以其他的物品（如圆珠笔、刀叉匙等餐具）代替手指操作触控式屏幕，也极易造成屏幕的

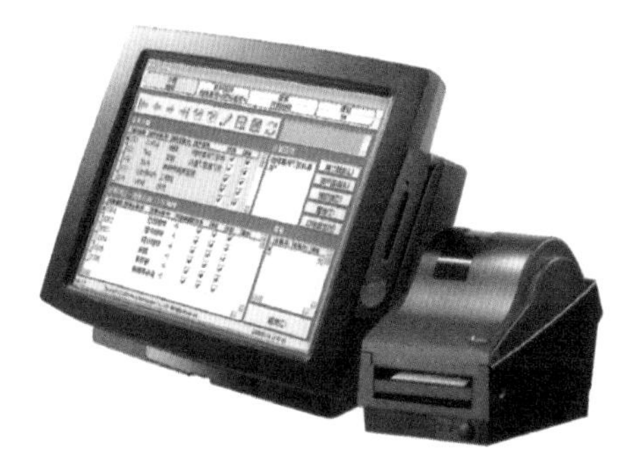

图7-2　触控式屏幕

损坏。在此建议必要时搭配光笔供操作人员使用也不失为一个好办法。

四、传输线的选择

传输线主要的功能是将外场各区的POS机、出纳结账、吧台、厨房、前台以及主机之间做网络连线并快速地将资料进行传输。然而，厨房对于电脑传输线而言可以说是一个不甚友善的工作环境，除了高温潮湿，瞬间用电量的高低起伏造成电压的不稳定，微波炉等设备所产生的电磁波都会影响资料的传输稳定度。因此，在建构这些餐饮信息设备时，应选择品质较好的传输线以抵御周边的干扰以及恶劣的工作环境。此外，若能以金属或塑胶管保护传输线，将能有效地避免虫鼠的破坏，防止断线的情况产生。

五、专属主机应避免其他用途

为避免造成电脑主机的效率退化、速度变慢，甚至发生感染电脑病毒的情况发生，笔者建议餐厅应为餐饮信息系统保留一台专属的主机，彻底杜绝与一般事务的个人电脑混合使用。

六、签订维修保养合约

虽说新购的餐饮信息系统多附有一年的硬件保修服务，但是对于软件程序的修改、维护与调校，以及不可预期所发生的人为损害仍应有所警觉。若能及早签订维修合约，不论是零件备品的取得、远程即时的维修设定，或是到场进行硬件的清洁保养等，都能够延长系统的使用寿命，而且可以大幅降低不可预知的故障，确保餐厅营运的顺畅度。

第七节　软件及系统架构

目前市面上的餐饮信息系统，除了点菜、打印、账单金额计算及上述所提到的顾客关系管理系统，其实它包含了很多的软件。

一、厨房控菜系统

在装设有餐饮信息系统的餐厅厨房里，最基本的设备就是打印机了。系统可以通过厨房的打印机打印出刚被送进系统的最新点菜单，让厨房的工作人员可以依据单子上的内容制作菜肴。

然而，更先进的设备则是通过厨房里所架设的电脑屏幕来取代打印机显示出需要制作的菜肴。除了简单的信息传送，还可以通过事先的设定，让单子可以延缓一段时间再出现在屏幕上。这样的用意是让前菜与主菜的时间可以较明显地被区隔开来。目前甚至还可以做到逾时的提醒功能，通过画面闪烁或声响来提醒工作人员及时将餐点制作完成。

二、订席系统

订席系统主要是建构在餐厅领台的位置（见图7-3）。电脑画面上有依照餐厅楼面所绘制成的平面图，再通过不同颜色的区分来代表每一个餐桌的用餐状况，对于订席的餐桌也可以被标示出来。订位人员在接受客人预约订位时，也可以即时通过这套系统输入订位资料，系统还可以与VIP管理系统自动连线检查是否为VIP客人的订位。对于订位未取消也未出席的客人，系统也会自动保留成为缺席黑名单，作为之后订位时的电脑比对参考。

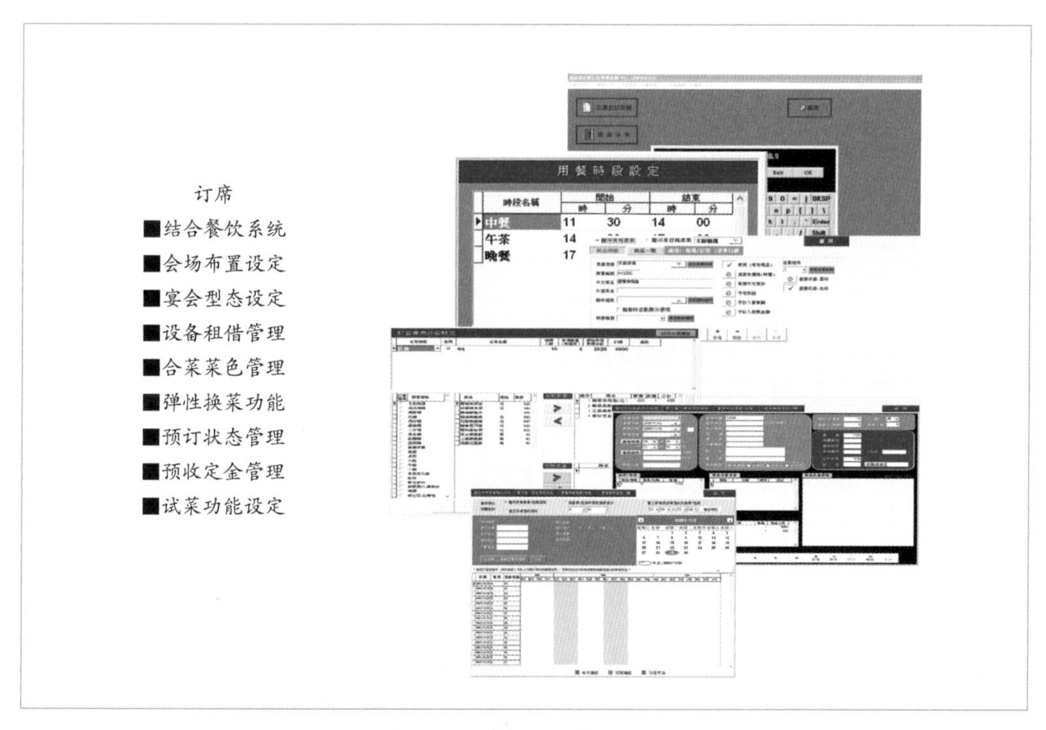

图7-3　订席系统功能及画面

三、库存管理系统

首先在库存管理系统（见图7-4）中将每道餐点的配方完整输入系统中，再将餐厅每一笔的进货资料也输入系统里，随着餐厅营运的进行，系统会依照事前所得到的餐点配方及点菜纪录，自动由库存中扣除食材，进而得知最新的库存状况，以作为每月盘点时的比

基本资料设定	采购销售管理	库存管理
员工基本资料 供应厂商资料 客户资料管理 商品基本资料 厂商类别及付款方式设定 利润中心与仓库设定 原料大中小分类 汇率及币别设定 客户编号对照设定	需求预测分析 厂商报价管理 采购单价分析 采购下单作业 进货退回作业 分店采购管理 销货报价管理 订单管理	库存异动作业 库存调拨作业 仓管资料查询 盘点清单列印 库存月结作业库存 分店即时库存 分店进退货管理

图7-4　库存管理系统功能表

对参考。如果预先把各项食材的最低安全库存量输入到电脑里，当系统发现食材低于安全库存量时也能达到预警的效果。

四、后台管理系统

后台管理系统主要是协助管理人员做更多的比对分析（见图7-5）。系统通过所有的营业资料进行多种交叉比对分析、统计、排序，制作整理出许多不同形式的表格让管理人员参考，对于管理人员而言有很大的助益。

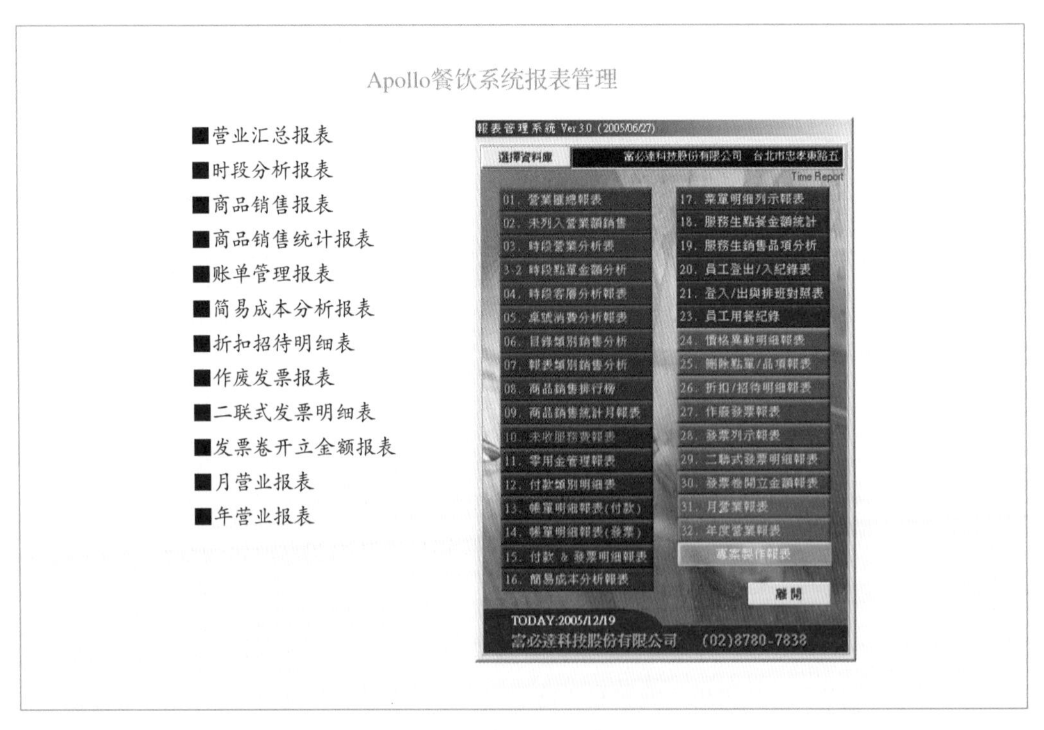

图7-5　后台管理系统功能及画面

而就硬件架构而言，由于现在市场上走连锁型态的餐饮品牌相当多，不论是直营式的连锁或是加盟制的连锁，总公司都需要通过建置一套完整的餐饮信息系统来了解每一家店的营运状态（见图7-6）。

就单店的系统架构而言，先是要配置一台网络服务器主机，再通过宽频分享器把餐厅多台的工作站组成一个网路，让资料能够不断地同步更新并且回到服务器主机，再交由相关的打印机打印（见图7-7）。

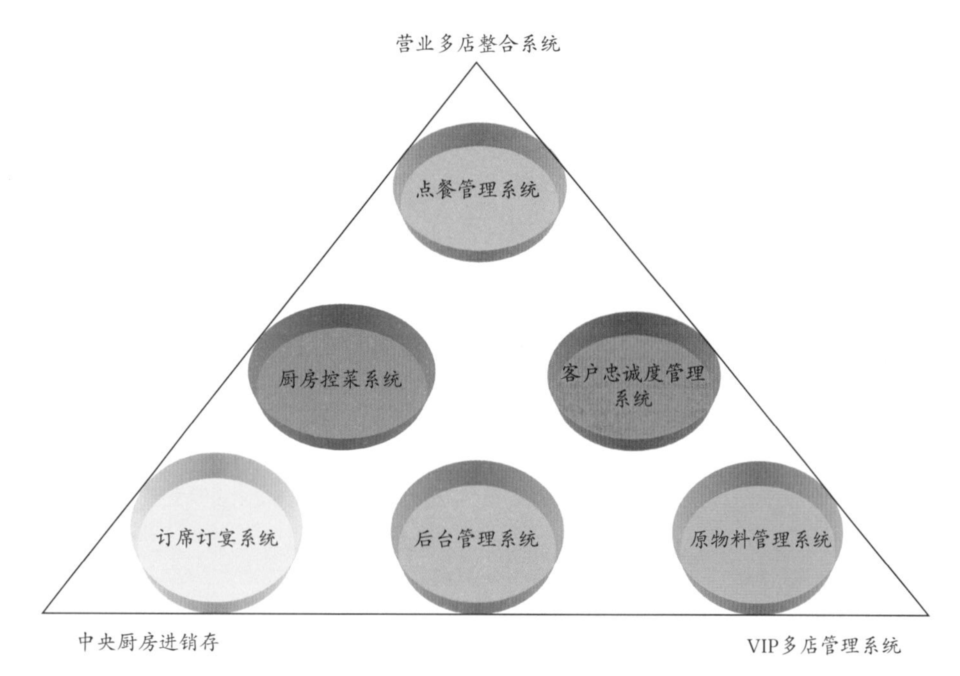

图7-6　餐饮信息系统软件架构图

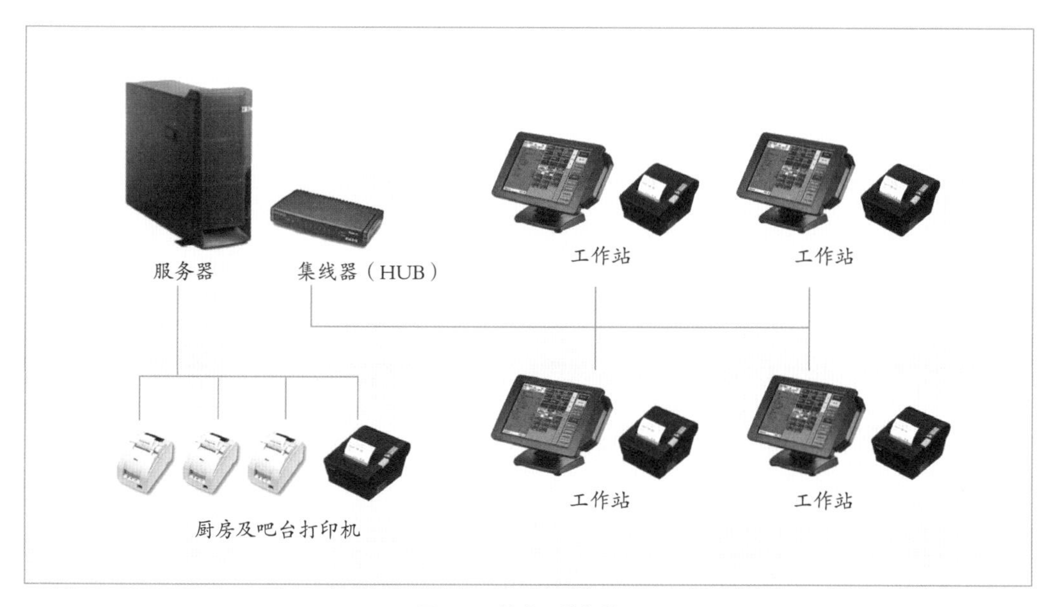

图7-7　单店系统架构图

多店的连锁餐厅与单一分店的系统架构都是相同的，只是每一家分店的服务器主机须再通过网络传输回到总公司（见图7-8）。如此当连锁餐厅有增减菜式或是价格调整时，也只需要由总公司统一进行更改之后再回传到所有分店，即可同步更新资料，相当便捷有效率，也能避免因为其中一家分店输入错误，造成分店价格不一的情况。

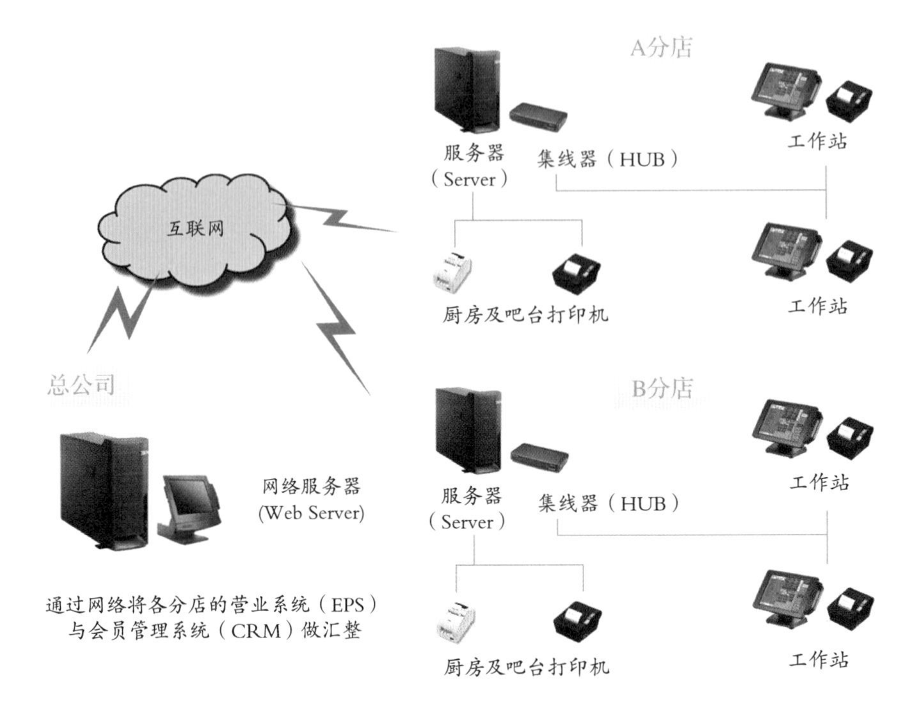

图7-8　总公司系统架构图

Chapter 08
第八章

排油烟设备及环保排污设备

第一节 案例

设备5万（新台币，下同）起 小吃业抱怨开销大

环保主管单位将针对餐厅油烟开罚，饭店和餐厅业者多表示配合，不过对于小吃业者，要安装标准的过滤设备至少5万到25万元，开销不小，心情很无奈。

厨具业者范振嵩表示，餐厅油烟处理需安装“水洗式油烟罩”，如以一家50人左右的餐厅，从主机、鼓风炉、油烟罩到风管，整套标准设备至少要25万元以上，如果像“巴黎海鲜”这类大型自助餐厅，可能要花到上百万元。

对此，饭店与餐厅业者多半持配合的态度，不过，有小吃业者抱怨，餐厅是小本经营，要安装标准设备，是很大的开销，加上台湾多半是住商合一，在狭小住宅区内，要小吃店也安装整套油烟罩设备（如住宅水塔大小），缺乏多余的空间，如果安装好，又可能因为使用范围扩大而被举报是违建，相当困扰。

不过一家台北的辽宁夜市的小吃店说，他们使用禁烟器约5万元，可以简单处理油烟；一家贩卖红豆松糕的业者说，他们以蒸为主，因此未安装相关设备。

京星24小时港式饮茶副总许茗芳表示，港式料理的油烟比一般餐厅要大，5年前就已安装相关设备，稍有不慎，不需要等到环保主管单位处罚，附近大楼、住户很快就会抗议，想永久经营，还是要按规矩做事。

穆记牛肉面店老板穆传财说出小吃店的心声，他说已尽量改进店内设备，但牛肉面店是小本经营，油烟没有一般中餐厅那么大，虽然了解主管单位是求好心切，不过，主管单位难道只会要求业者这样那样，却不进行全面辅导或配套措施，小市民很无奈。

随着生活品质以及国民教育水平的提升，餐饮业早不再像过去可以任意将油烟废气往户外排出，需要装设环保设备以降低油污、噪声、异味。以台北县环保主管单位为例，在其所设定的空气污染防治业务，其中固定污染源即明确订列入“餐饮业清查列管及辅导改善”为重要管制工作中的其中一项。不论是固定地点的餐饮业者或是流动式的摊贩小吃业者，都将逐步纳入管理，若未能有效改善，环保单位也将有了法规依据来执行开罚以力求餐饮业者改善。

第二节 排油烟设备

一、装设排油烟设备的目的

就餐厅厨房而言，排油烟设备的种类选择、规格大小都须经过专业人士的计算评估，其主要考虑的重点，包含了餐厅整体的空调规划、餐饮项目种类、烹调设备、厨房的大小及动线规划等。而不论最终的规划如何，目的不外乎有以下几点。

（一）有效控制厨房的温度、湿度（事关环境舒适度及食品卫生安全）

餐厅的各项设备在烹饪食物时会引发各种不同的效应，例如对流式烤箱会产生热气、油炸炉会产生水汽、烧烤会产生油烟、煎炒也会产生油气，这些都会间接造成厨房的温度和湿度提升，使得冷厨部分在制作沙拉、生食时，或多或少会产生不好的影响，给工作人员带来不舒适的工作环境。因此，良好的排油烟设备规划，在将油烟及异味排出厨房的同时也带走了热气和湿气，让厨房维持在一个舒适的环境对工作人员和食材都比较好。

（二）有效控制厨房的氧气、一氧化碳、二氧化碳浓度（事关工作人员健康）

良好的排油烟设备是需要经过精密的空气力学的计算，精密确认排烟设备每秒钟带出多少立方米的废气，并且配合冷气空调的出风量计算出最好的空气进出流量，让氧气浓度不致降低。同时，因为炉火燃烧也需要氧气；燃烧不完全会造成一氧化碳浓度提高；工作人员呼吸会产生二氧化碳……这些都有赖冷气空调（含户外新鲜风引进）和排烟设备的完美搭配来排除不好的空气（一氧化碳、二氧化碳），并引进新鲜空气提高氧气浓度。

（三）形成厨房空气压力保持负压状态，避免油烟及异味向外场飘去（事关企业形象及顾客感受）

在餐厅初步规划时，设计师就应该与餐饮设备厂商做密切的沟通，了解餐饮设备的规划有哪些，进而规划空调的规模以创造出良好的空气品质。一般来说，餐厅的外场用餐区必须保持在空气正压状态，也就是说外场的空气压力要大于厨房及餐厅外的环境。

①当餐厅大门开启，客人进来时，会感受到餐厅空调的凉爽，这是因为餐厅外场的气压较大所致。反之，如果餐厅外场的气压小于餐厅外的环境气压，则当大门打开时，餐厅内的用餐客人就会感受到户外的热空气，甚至户外的异味（如汽车废气排放），尘埃也随之进到餐厅让清洁工作加重。

②如果餐厅外场的气压小于厨房，则会造成当餐厅厨房门打开时，随即会飘出油烟气味，造成外场用餐客人的不舒适。反之，如果厨房处于负压状态，则当厨房门开时，外场的冷气会进入厨房，让厨房的空气更为舒爽。

（四）确保经过排烟设备处理后的废气排出能符合环保法规，并且尽量降低废气的异味及油烟度（事关适法性、企业形象及周围居民感受）

近年环保法规日趋严格，加上民众更懂得维护自我的权益。如果餐厅未能有效将排油烟做适度的处理，势必会遭受抗议并且不断地遭到环保单位的检查，对于企业形象和邻里关系都有负面的影响。

二、排油烟设备的种类

（一）挡油板滤油法

挡油板滤油法是一种原理较简单但效果也较不理想的传统做法。其工作原理是在排油烟罩上安装挡油板。挡油板是利用不锈钢或镀锌钢板制作，并且具有抗高温及耐腐蚀的特点。油烟经由高速鼓风机将油烟强力吸入挡油板内，油烟会顺着挡板的角度引导气流不断地转弯，让油烟不断地撞到挡板而转向，进而诱使油污附着在挡板上（见图8-1）。

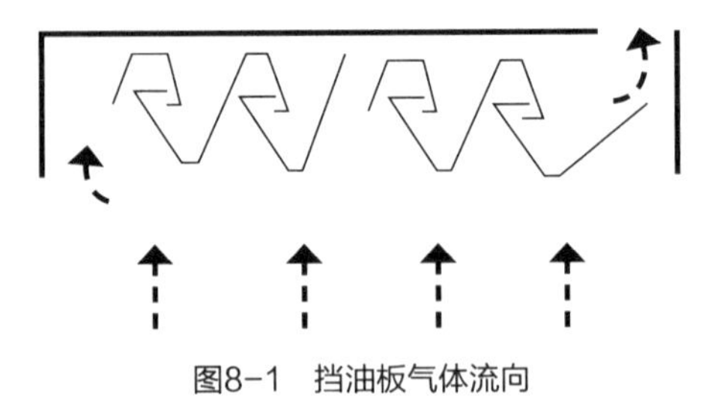

图8-1 挡油板气体流向

利用挡油板滤油法其油脂的捕集能力约在60%，收集下来的油脂则会导流到收集盒中，方便工作人员定期回收。此外，这种滤油法也需要清洁人员至少每周将挡油板拆卸下来浸泡碱性药剂，清洗附着在挡油板上的油渍，以免影响之后的集油能力。

（二）水幕式分离法

水幕式分离法又称水洗式分离法（见图8-2、图8-3），它和上述挡油板滤油法的原理不同之处在于撷取油脂的工具由金属面改为水面。当油烟被强力吸入油烟罩后，随即会遭遇到一道“水墙”，油烟必须穿过水墙后才能排出烟罩的排气管。在穿过水墙的过程中，借由水分子与油脂的相对密度不同，以及水幕所造成的气泡来撷取油脂，使油脂从油烟中脱离出来。而能顺利穿过水墙的仅剩下去除油脂后的废气，不再是油烟。

设备规范书

品名	防火型水洗式油烟罩	项次	B55
尺寸	1150cm × 140cm × 60cm	数量	1
厂牌	LOCAL MADE		

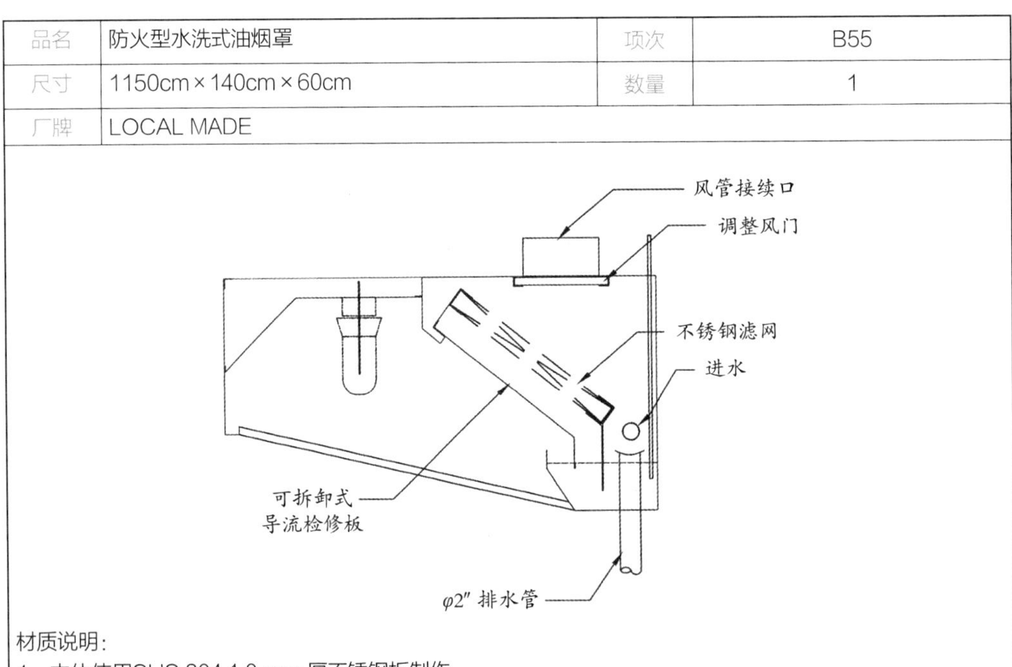

材质说明：
1. 本体使用SUS 304 1.0 mm 厚不锈钢板制作。
2. 内部设置挡板及扰流板，当风车开始运转时，烟罩入口处自然形成一道均匀的水幕，当油烟通过此道水幕时，将比重较重的油脂清洗掉。
3. 罩内设置防爆灯1φ110V，每米设置一只。
4. 所有油烟须经水盘始排放出去，故本设备可防火苗蔓延，也可降低油烟排放温度。
5. 电源：1φ110，1kW。
6. 抽风口施作调节风门。

图8-2 水幕式油烟罩设备规范书

此种水幕分离排烟罩内设置排油及排水口，利用水和油的相对密度不同，将排油口设置在排水口的上方，如此便能让截流下来的油脂浮于水面上，并且经由排油口溢流排出。此种油烟分离方式的截油率可高达90%以上，但是在规划时应注意安装各项拦水设备，避免因为水幕扬起被抽到排烟管而造成烟管积水的情况。

图8-3　水幕式油烟罩

（三）离心分离法

离心分离法的这种做法有点类似第一种的挡油板滤油法（见图8-4）。通过鼓风电机所产生的强力气旋将油烟吸入排烟罩内，并且通过排烟罩内部的设计让油烟在内部高速旋转，借由离心力的效果将油脂甩出油烟外，并且附着在油烟罩的内壁。餐期结束后再启动水泵电机喷洒清洁剂和清水，将内壁上的油脂冲洗掉并进行排放。

也有另一种做法是在排烟罩内装设多个喷头，将高压清水通过喷头喷向油烟，类似上述水幕式分离法的原理。因此，离心分离法可说是挡油板滤油法及水幕式分离法的综合体。

此种排烟设备也可搭配自动感应式的灭火设备。通过烟罩内的感应器测知火灾的发生，并自动关闭燃气及电源，以及喷洒药剂灭火。灭火剂喷嘴通常设置在烹饪设备的上方约61~106厘米，当温度高达138~163℃时，喷嘴会自动喷出灭火剂，同时关闭设备及燃气电力开关，以降低灾害（请参考第十章“自动灭火器”的图文说明）。

（四）静电分离法

静电集油原理和静电集尘的原理相同，都是利用电荷异性相吸的原理，以外加高压形成两个极性相反的电场，在库仑力的作用下使油烟粒子荷电后，向集尘板移动，进而附着在集尘板上，达到净化空气的目的（作用原理请参考图8-5、图8-6）。餐厨烹饪时，因高温会导致油类挥发或裂解为油烟，此油烟具有黏滞性。一般过滤式装置的滤材，因无法循环再生使用，滤材消耗大，而油烟粒径又分布在0.01~10微米之间，一般机械式集尘装置，对1微米以下粒径不易捕集，而静电集尘可处理1微米以下的微粒，其除油效率高达95%以上（见图8-7）。

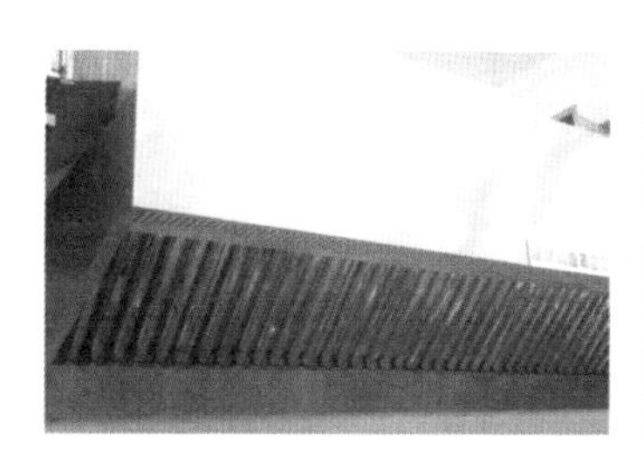

图8-4　离心分离法设备外观

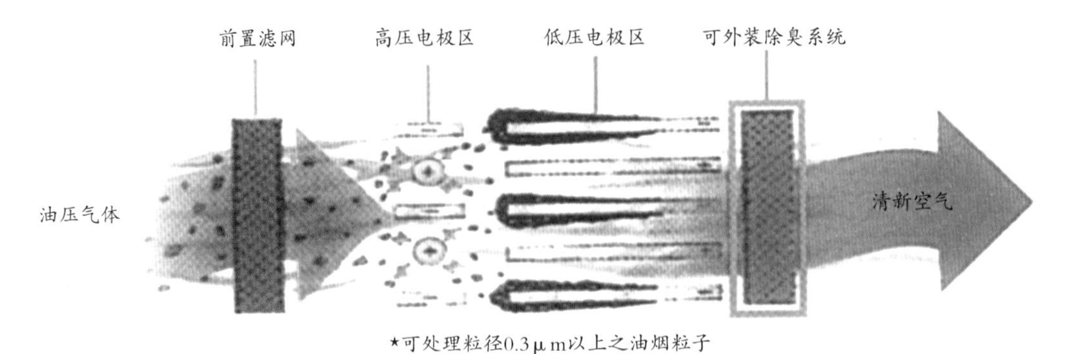

图8-5 静电除油原理图解说明

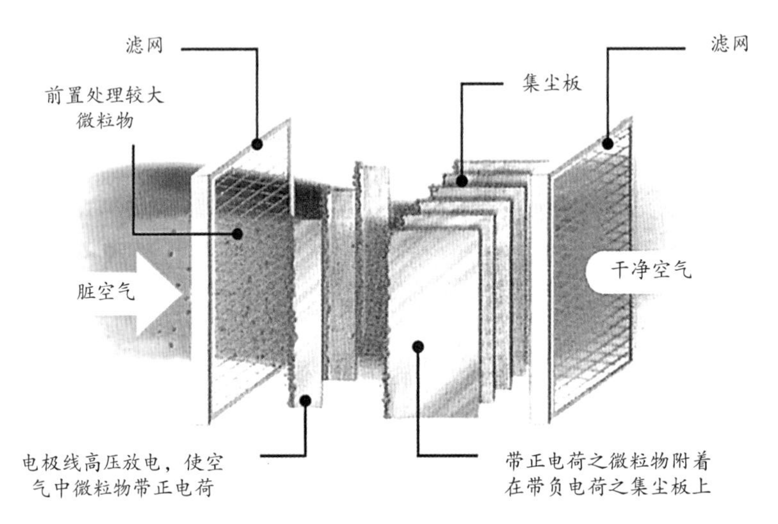

图8-6 静电除尘原理图解说明

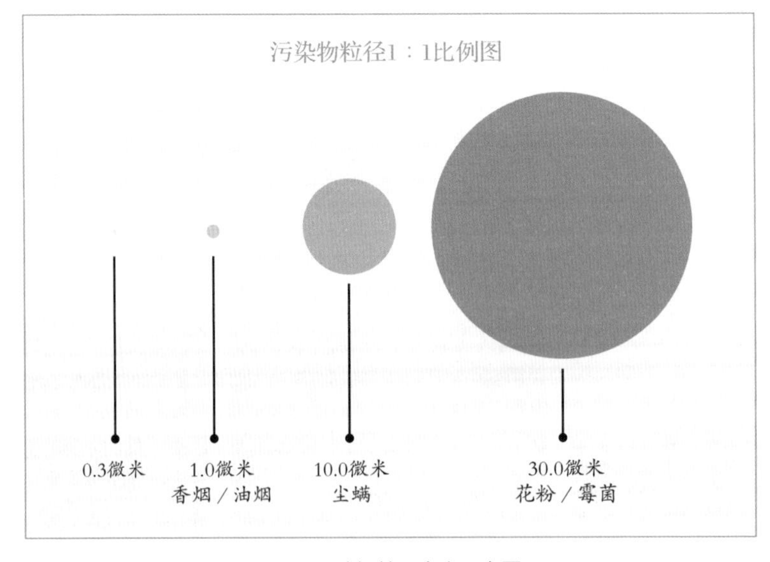

图8-7 油烟粒子大小示意图

静电除油机下方可加装清洗设备，其内部包括清洗水槽、抽水电机、加热器及必要的配管，利用加热器将清水加热至70℃之后，通过水管及喷头均匀地喷洒在集尘板上，达到自动清洗油垢的目的。

机体的主要构造除了排烟罩、风管，另有三氧化二铝、变压器箱、清洗水箱、高压泵、电控箱、电极板组（见图8-8）。其中三氧化二铝是一个重要的零组件，它的结晶体硬度接近钻石，是一种非常优异的绝缘材质，用于静电除油机可以避免高压穿透甚至击碎或融化。如此可以确保设备效率高、稳定性高，也同时避免故障产生。

三、除味设备

厨房烹饪所产生的油烟在经过排油烟设备的过滤之后，能够有效地将油脂截取下来，排放一般废气出去，但是仍会带有令人不适的异味，尤其是某些特别的食物烹煮时所带来的异味特别容易引起反感，例如臭豆腐的臭味、麻辣锅底熬煮的辛辣味等，这时候餐厅业者便可以考虑在排油烟设备的末端加装除味设备，以降低异味造成左邻右舍或过往行人的不满（见图8-9）。

现今的除味设备多以活性炭除味为大宗。活性炭具有多孔性的结构，表面积很多，每一克的活性炭大约有好几个篮球场的面积。因此，可提供许多空间让污染物停留在表面上（称之为吸附）。其工作原理是以吸水性佳的长纤维板制作成蜂巢状结构的交换器，该纤维板内添加有微粒高效率活性炭。在蜂巢纤维板顶端以微量活性水喷洒，顺着纤维板均匀分布成水膜活化界面以形成一个交换界面。当具有异味的空气通过活性炭纤维板时，与水

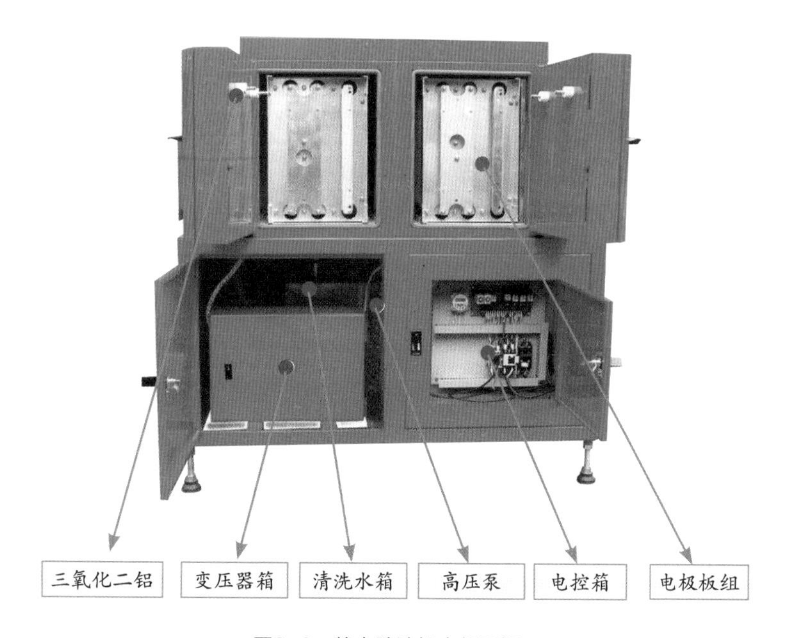

图8-8　静电除油机内部图解

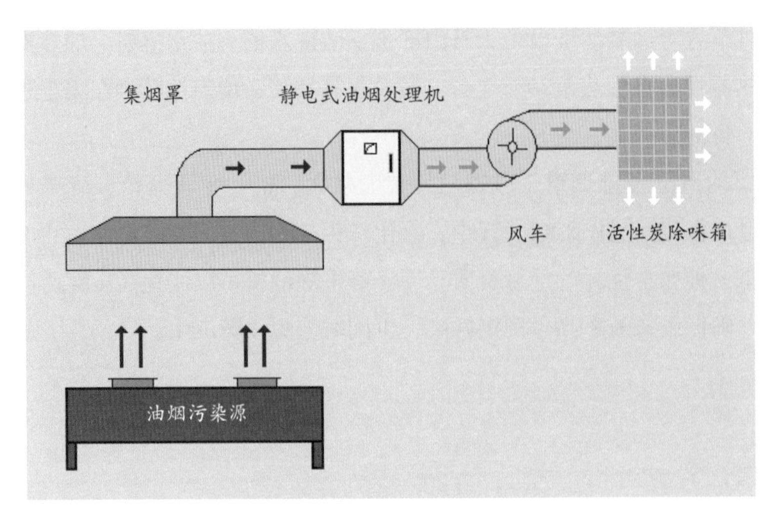

图8-9　静电式油烟处理设备

膜界面接触活化空气去除异味，形成人们比较可以接受的空气。

第三节　截油设备及厨余分解设备

一、概述

近年来，随着环保意识抬头，除了一般人看得见也闻得到的餐厅废弃油烟为人所诟病，另一个较不易被人发现的餐厅废水排放问题也逐渐为人所讨论，而通过环保单位的监督辅导，让越来越多的餐厅业者除了装设油烟排放设备，废水的处理设备也越发普及。

带着菜渣厨余的餐厅废水，势必也无法避免带有大量的油脂。这些废水若未经过任何的截流程续就直接排入排水孔中，将很快会因厨余菜渣造成水管堵塞而无法顺利排水。再者，油脂随着废水进入排水管中，将因凝结而造成管径逐日缩减，这也是影响排水顺畅度的重要因素，更别提其所造成的环境污染和虫鼠问题了。

二、截油设备的种类

为了适应环保法规的标准，现今餐厅业者多半会在餐厅规划时一并建构截油设备。也因为市场有了这样的需求，所以坊间也逐步开发各式截油设备来满足餐饮业者。这些截油设备不论形式为何，主要功能不外乎就是过滤厨余菜渣、油水分离、截留油脂并收集，以及排放废水。以下针对三种常见的截油设备做介绍。

（一）简易型截油槽

简易型截油槽（见图8-10）是最简易经济的截油设备，既不需任何能源也无需任何耗材，可说是最早被开发设计出来的截油设备。其作用原理为在厨房排水管末端建构一个不锈钢截油槽（见图8-11），内部构造甚为简单，大致可分为三槽，废水经由排水管进入第一槽后就会进行简易的去除厨余菜渣的动作，利用提笼放入水槽中将菜渣截流下来。简易过滤过的废水在积满第一槽后就会溢流到第二槽去，废水到了第二槽后再利用油和水相对密度不同原理，让油脂自然浮于水面上。因第二槽与第三槽间的隔板建构得较高，且在下方做了开口让水可以直接流到第三槽去，如此即可让废水顺利排入第三槽，并进入排水管往餐厅外排放；而浮于水面上的油脂则将会一直停留在第二槽中。换言之，第二槽的用意就是截油功能。

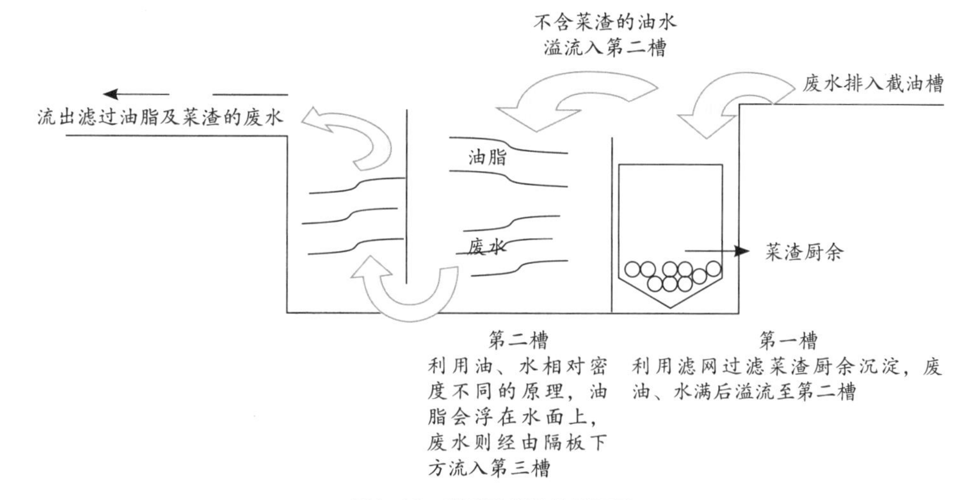

图8-10　简易型截油槽剖面图

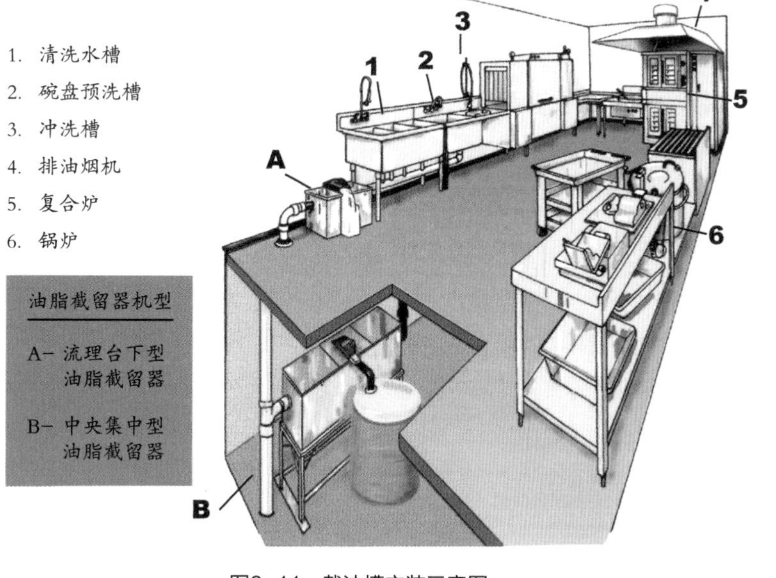

图8-11　截油槽安装示意图

这种简易型的截油槽结构虽然简单，却不失为一个处理餐厅废水的好方法。缺点是截油率仅约60%，另外需要借由人工每天定时清理第一槽的提笼，并且以手工的方式捞取浮在第二槽水面上的油脂。若未能定期捞除，油脂会逐日越积越厚，最后将随着废水由下方空隙流入第三槽，进而随之排入排水孔中造成阻塞，滞留的油脂甚至结块造成淤塞和卫生恶化。

（二）钢带式刮油机

钢带式刮油机（见图8-12）是目前用以去除表面浮油最通用的设备之一。它低耗电、不需任何耗材就能有效地去除水中的各种浮油，包含机油、煤油、柴油、润滑油、植物油及任何相对密度小于水的油脂，且不论油脂的厚薄都能有效地做到油水分离，进而实现回收废油的目的。其作用原理乃是利用油水之间不同重力和表面张力的特性，当刮油带穿过水面时吸取并且带走浮在水面上的油脂，适用于餐饮业及各种工业，如修车业、污水处理厂、炼油厂甚至是油田。

图8-12　钢带式刮油机
钢带通过水面吸附的油脂直接收集到机器后方的回收桶中

主要特点如下：

①特殊不锈钢环带，吸油性强，肉眼望去五彩之油膜皆可吸除。

②刮出的油含水量极低，便于回收利用。

③刮油刀片为可调式，可达到最佳的刮除效果。

④可在强酸、强碱环境下使用，使用温度可超过120℃。

⑤钢带长度可根据客户要求制作。

⑥可根据需要选用普通型、整套不锈钢型或防爆型。

⑦可进行时间控制（定时开关），于24小时内设定自动开机运转工作或关机。

⑧有可调整转速设计，磁性滑轮于牵动钢带运转后可根据水中油量调整运转速度。

（三）往复式刮板机

往复式的截油设备（见图8-13）采用不锈钢材质制作，和前述所介绍的简易型截油槽同样拥有第一槽的除渣功能，

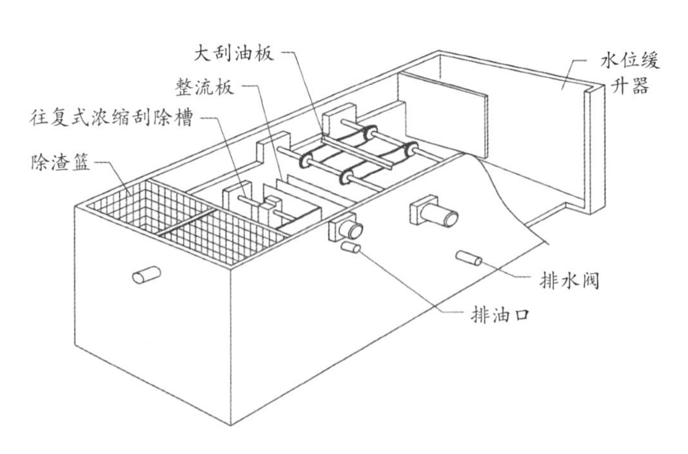

图8-13　往复式刮板机结构图

并且同样需要人工定时清理提笼内的菜渣。当废水溢流至第二槽（也就是往复式浓缩刮除槽，由铜制往复式螺杆制成）后，其不锈钢刮油板依螺杆的往返而改变其倾斜度，以增加刮油的效率并减少含水量。刮除起来的油脂被带入另一收集槽内存放，但是因为油脂容易凝结，反而容易造成油脂在收集槽内结块。

第四节　厨余分解机

近来有些餐厅业者、大型企业之员工餐厅所附设的中央厨房，已经开始着手导入厨余分解机，以减少厨余处理的困难。而随着环保意识普遍的提高以及法规的日趋严谨，现在也有越来越多的厂商着手开发厨余分解机（见图8-14）。

一、分解原理及过程

目前较普遍的做法多是利用有机物最终会还原为水与空气等元素的原理，在厨余中加入特殊的分解微生物，将厨余的有机成分——碳水化合物分解还原成水和空气，同时将厨余完全消灭（见图8-15）。

目前厨余分解机可处理的厨余包含以下几类：

①淀粉类：如米饭、面类、马铃薯、红薯等。

②蔬菜类：各式蔬菜（菜心、菜梗需较长时间进行分解）。

③肉类：各种肉类。

④骨头：如鸡鸭骨或鱼刺等较小型的骨头。

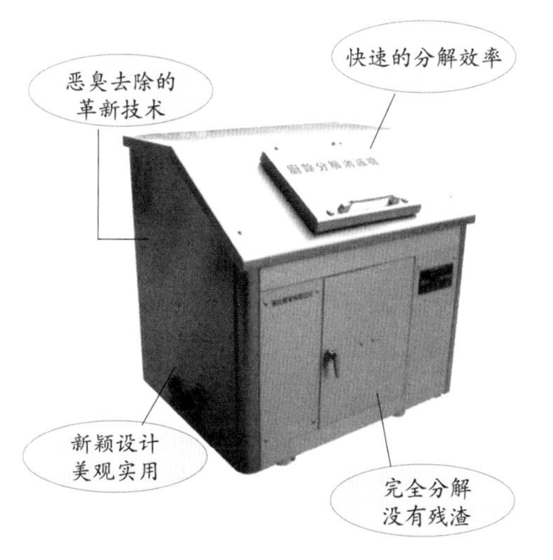

图8-14　厨余分解机

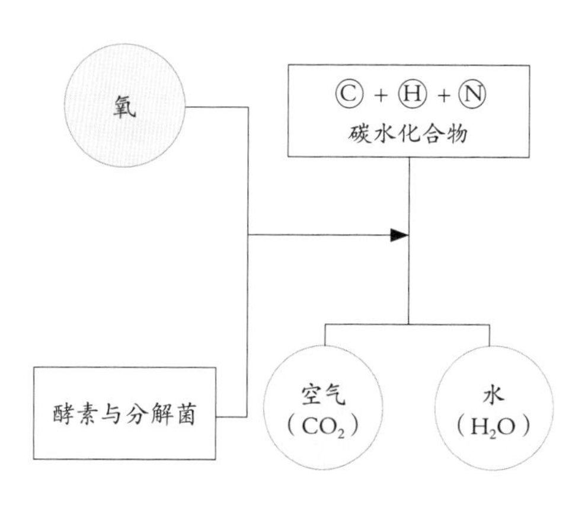

图8-15　厨余分解原理

⑤水果：果核、果皮、果屑。

⑥其他：蛋壳、虾蟹壳等需较长时间进行分解。

厨余在被投入分解机后会进行喷水以及不定时的短暂搅拌动作，随即进入分解微生物的过程，此过程中会重复喷水及短暂的搅拌动作让空气顺利排出，再经过多次脱水的程序后水分也会被排出，而厨余也会在约24小时后完全分解（见图8-16、图8-17）。

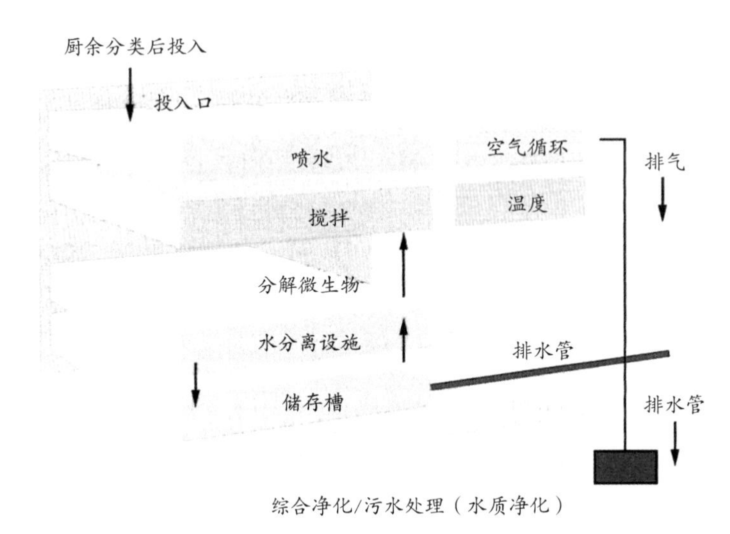

图8-16　厨余分解过程

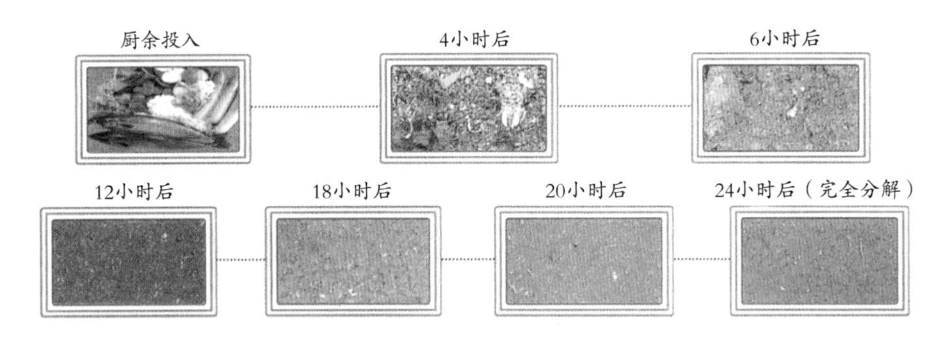

图8-17　厨余分解消灭处理过程

二、分解机特点

（1）完全消灭处理。除了蛋壳、菜心等少数种类厨余，通常可在24小时内进行分解。

（2）厨余不需事先经过脱水即可投入机器进行分解。

（3）完全处理没有残渣残留。厨余经过分解消灭后，转换成水和空气并且直接排出，没有残渣需要处理。

（4）操作便利。只需将厨余倒入后，机器进行短暂时间的搅拌即可进行分解。微生物的投入也仅需要约每月一次即可，比起传统的厨余发酵堆肥机较有效率（见表8-1）。

表8-1　厨余分解机与厨余发酵堆肥机之比较

区分	厨余分解机	厨余发酵堆肥机
功能	没有恶臭	一天需加温20小时，容易产生臭味
	没有残渣残留	每天约有20%残渣排出需要处理
	不必脱水即可投入	先脱水后放入
	菌床可永续使用，每年只需补充5%至10%	微生物菌要随时与厨余一起投入
	可连续投入且不需保存厨余	不可连续投入且须保存厨余，环境维护不易
价格	低	高
设置地点	可置放于室内	一定要置放于室外
管理维护费用	约为厨余发酵堆肥机的十分之一	昂贵且附带的工事费用高

Chapter 第九章 09

洗涤设备

第一节　概述

现今的餐饮业者只要稍具规模，或多或少都会配置简易的洗涤设备来做餐盘杯具的洗涤工作。除因为传统的人工洗涤品质不稳定、人事成本高之外，企业形象和工作效率也是考量的重点。

早期洗涤设备多属进口名牌产品，器材动辄数十万元且规格选择面少。但是随着近年业者使用的普及和实际使用需求，本地业者也不断地开发设计更符合业者（餐饮业种）需求的机型，除了价格大幅降低，弹性需求的尺寸规划、更便宜好用的洗涤药剂，还有良好快速的维修，都是促成洗涤机普及的原因。当然，近年来甚至有业者推出租赁方式，让业者多了新的选择，使资金调度更具弹性，甚至由提供机器的业者来负责保养维修，而餐厅业者只需付基本的月租费和清洁药剂的费用，让餐饮业的老板们趋之若鹜。

第二节　洗涤机的种类

一、依照功能来区分

洗涤机依照功能来区分，可以分为洗杯机与洗碗机两种。

其实严格来讲，目前市面上所推出的洗碗机和洗杯机，在内部原理构造上并无不同，只是在药剂上做不同的使用。但是为何还有业者要将机器区分成洗杯机或洗碗机呢？主要是洗涤餐具脏物的情况有所不同。例如，餐盘上的菜渣及油腻的程度远超过一般的杯具；而杯具对于水质软硬度的要求则较为敏感，经过软化的水进入洗杯机后，除了能够有效降低洗洁剂的使用量，软水对于水渍留在杯具上的机会也会大幅缩小。

二、依照装设位置来区分

（一）台面型洗涤机

所谓台面式的洗涤机，最明显的不同就是餐具洗涤时的所在位置就和工作台面等高，这样的好处是避免过度的搬运造成破损的机会。而如果是落地式台面型的洗涤机（见图9-1），则在机器的设计规划上会将运转电机及所有重要的零组件都放置在机器的下半部，上半部除了简易的开关按键，就只有洗涤槽了。

另一种台面型的洗涤机就是全罩式（Hood Type）以及履带型的洗涤机（见图9-2、图9-3）。这两者的好处是操作者不需将装满餐具的盘架搬运入洗涤机内，因为不论是全罩式

图9-1　落地式洗涤机

图9-2　全罩式洗涤机

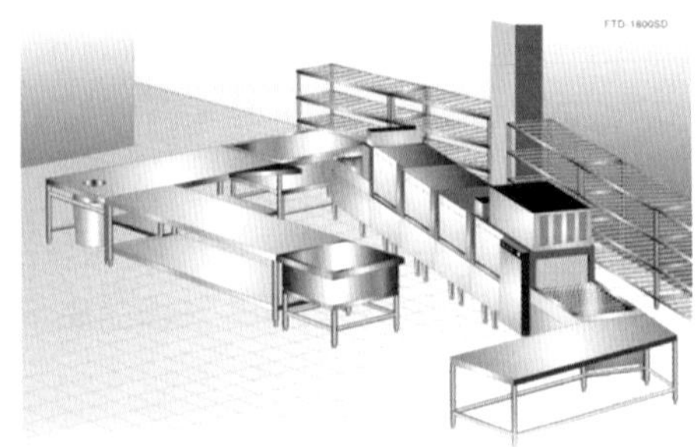

图9-3　履带型洗涤机

或是履带式，操作者都可以直接在水槽进行冲洗后，直接沿着工作台推进机器内进行洗涤工作。

（二）崁入式洗涤机

崁入式（undercounter）的洗涤机（见图9-4）可以是洗碗机或是洗杯机，装设的考量通常是因为餐厅场所狭小，而必须利用工作台面下方来放置洗涤机；因此，在规划厨房时就必须预留空间、水源、电源，以方便之后的安装。

一般来说，崁入式的机型因为高度的限制关系，再扣掉洗涤槽后，机组零件的空间会被压缩得很小，而且因为机器直接落地，所以必须注意排水是否顺畅，还有因潮湿所带来的断电短路问题。

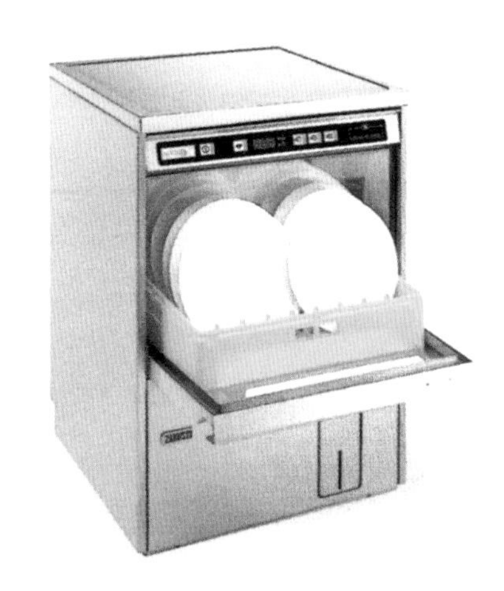

图9-4　崁入式洗涤机

三、依照开口位置来区分

（一）全罩式洗涤机

全罩式的洗涤机在设计上是将所有的洒水装置、进水排水装置都设置在机器的上下端，并且将左右及前方的机体壁面都改为可往上拉起的设计。借由这样的设计，让碗盘架能够直接从机体的左右两边滑入机体中，将机壁降下关闭后就能进行自动洗涤工作。这种全罩式设计的洗涤机市占率很高，主要原因就是节省空间并且实用方便。

（二）前开式洗涤机

会有前开式（Front Loading）设计的洗涤机出现，不外乎是因为空间有限所致。相较于上述全罩式洗涤机，碗盘架可以从机体左右两边直接滑入机体，前开式的设计就略显不方便，而使用前开式的原因显然是洗涤机的左右两边另有其他用途，以致无法规划全罩式的洗涤机。前开式的洗涤机除有赖操作人员将碗盘架搬进搬出较麻烦也较危险之外，在洗涤效果上并无不同。但是前开式的舱门设计通常较厚实，这是考量到机器所在位置可能在外场或是吧台，容易吵到客人，因此会在噪声的降低上多做考量。相较于全罩式设计，左右及前面三块机体壁面严格来说只是挡水墙，对于噪声的隔绝效果非常有限。

四、依照动作方式来区分

（一）履带型洗涤机

所谓的履带型洗涤机有两种，常见的是操作人员将餐盘立在碗盘架上再往洗涤机推去，洗涤机的履带挂钩会自动勾附盘架，并且拖进机器内进行洗涤，再由机器的另一端被推出。另一种则是履带本身就有碗盘架，操作人员可直接将餐盘直立在输送带上，由输送带送进机器内洗涤。此款洗涤机较不常见，因为洗涤量太大，较适合大型团膳或举办喜宴等大型餐会的宴会餐厅使用（见图9-5至图9-8）。

（二）手动型洗涤机

手动型包含了全罩式、前开式等各式不具履带牵引功能的洗涤机。其作用方式都是通过人员操作，将餐盘洗涤架放进机器并关闭舱门后进行洗涤的工作。通常机器设有固定的洗涤时间（1至3分钟不等），先是洗涤动作然后是清洗的动作，完成后待指示灯熄灭后再打开机器取出餐具。

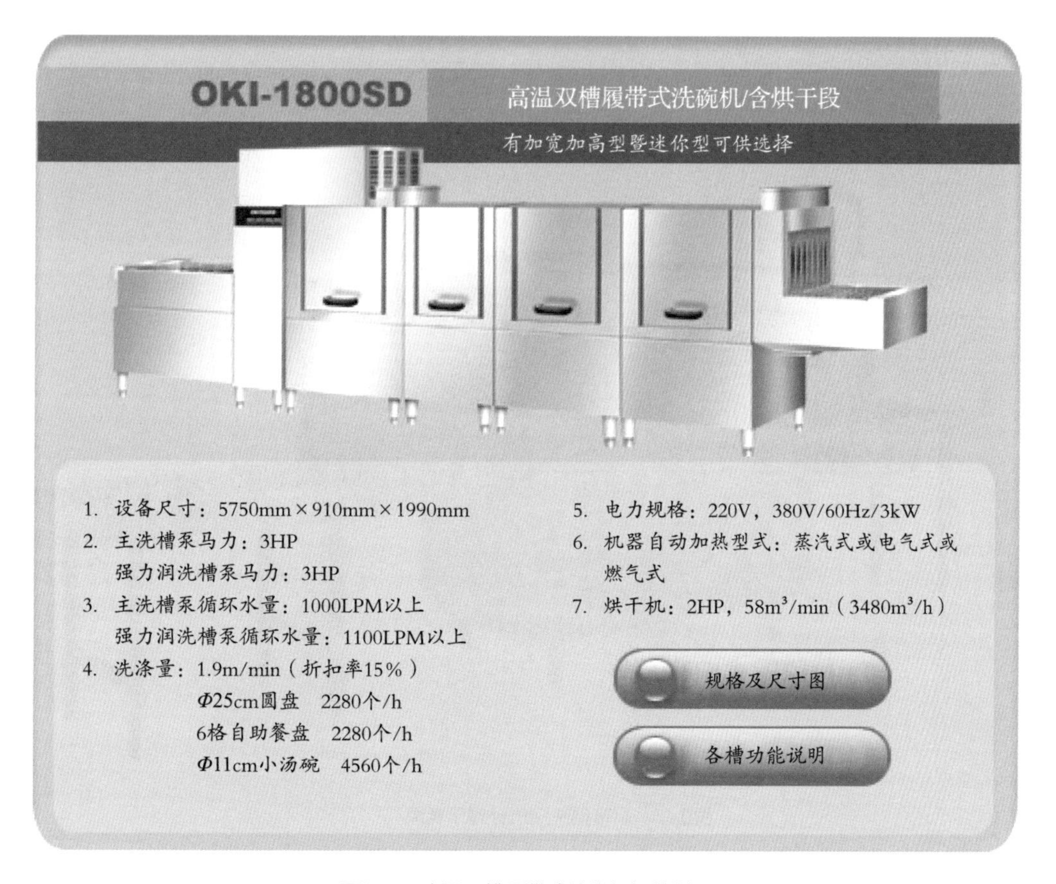

图9-5　高温双槽履带式洗涤机规格说明

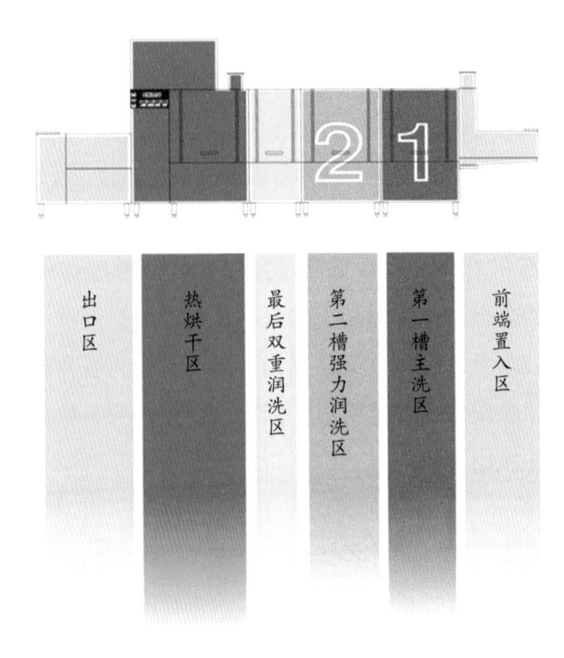

图9-6 履带型洗涤机各槽功能说明

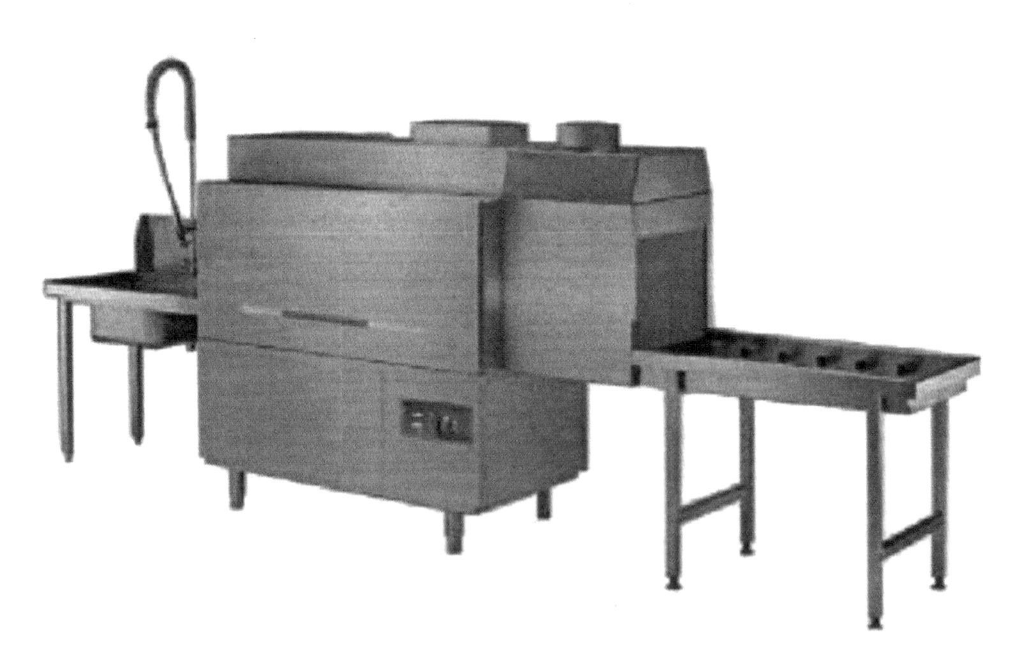

图9-7 履带型洗涤机外观示意图

图号	OKI-1800SD	设备名称	双槽履带式洗碗机/含烘干段
数量		规格尺寸	5750mm×910mm×1990mm

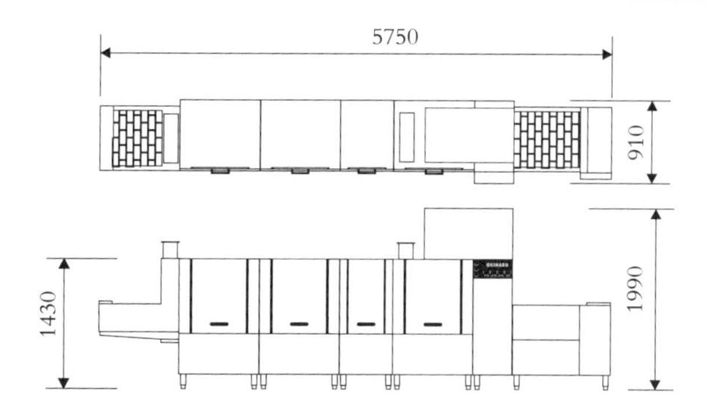

（1）机器尺寸：5750mm×910mm×1990mm
（2）用电规格：220或380V/60Hz/3Ph
（3）马达马力：
A. 第一槽/主洗槽泵——3马力（2.25kW）
B. 第二槽/强力润洗槽泵——3马力（2.25kW）
C. 最后双重润洗槽泵——1/2马力（0.375kW）
D. 输送带传动马达——1/2马力（0.375kW）
E. 烘干机马达——2马力（1.5kW）
（4）水槽容量：
A. 第一槽/主洗槽——100升
B. 第二槽/强力润洗槽——110升
C. 最后双重润洗槽——20升
（5）洗槽泵出水量：
A. 第一槽/主洗槽泵——1100升以上
B. 第二槽/强力润洗槽泵——1100升以上
C. 最后双重润洗槽泵——70升
（6）洗净温度：
A. 第一槽/主洗槽——55~65℃
B. 第二槽/强力润洗槽——65~75℃
C. 最后双重润洗槽——82℃以上
D. 烘干机——70℃以上
（7）烘干机出风量：58m^2/分（3480m^2/时），2马力
（8）行进方向：左进右出或右进左出（供选择）
（9）行进速度：标准定速1.9米/分
（10）洗涤量：
1.9公尺/分
§25cm圆盘——2280个
6格自助餐盘——2280个
§11cm小汤碗——4560个
（11）热水进水管口径：3/4″
（12）溢流/排水管口径：1 1/2″
（13）机器耗水量：15升/分
（14）进仓最大尺寸：620mm×420mm（宽×高）
（15）温度计型式：电子液晶显示
（16）履带型式：
鹰爪钩式（标准）
平坦式（选配）
（17）特殊设计左右侧喷洗臂：标准配备
（18）洗碗机需设4道检查门，以供平日彻底清洁（仓内全面无死角）保养暨维修用：
A. 第一槽/主洗槽 检查门
B. 第二槽/强力润洗槽 检查门
C. 最后双重润洗槽 检查门
D. 烘干机 检查门

（19）安全性装置：

A. 履带急停碰触开关
当餐具来不及收取而触碰开关时，瞬间断电，并缓动挤压。
B. 传动系统齿轮盘—扭力限制器
可防止传动机构，齿轮组建因异物掉落或卡死时造成机体变形，损坏。
C. 检查门　开启/停转　保护装置
各洗槽均配置，纺织机器运转中，开启检查门，发生烫伤操作人员之状况。
D. 恒温控制装置
各洗槽及瞬间加热器均配备。控制各区之设定温度，确保最佳洗净效果。
E. 自动补水装置
确保各洗槽之正确水位，并于机器运转中自动检视水位高地状况，避免因缺水而损坏加热设施。
F. 低水位断电装置 磁感应水位器
随水位高低自动进行帮泵及加热器断电保护。
G. 电机防过热/超载装置
所有电机均配备内建过热/超载跳脱装置，以延长电机寿命及保护操作人员安全。
H. 全机防漏电装置
内建漏电断路装置，确保操作人员最高安全性。

（20）全机运转所需能源：

（A）当业主提供蒸汽能源，选择蒸汽加热机型
1. 洗槽泵电机——2.25kW × 2
2. 最后双重润洗泵电机——0.375kW
3. 输送带传送电机——0.375kW
4. 烘干机电机——1.5kW
5. 洗槽加热器（含于第7点）
6. 烘干机加热器（含于第7点）
7. 最后双重润洗瞬间加热器——180kg/h

（B）当业主提供电气能源，选择电气加热机型
1. 洗槽泵电机——2.25kW × 2
2. 最后双重润洗泵电机——0.375kW
3. 输送带传送电机——0.375kW
4. 烘干机电机——1.5kW
5. 洗槽加热器——10.5kW × 2
6. 烘干机加热器——10.5kW
7. 最后双重润洗瞬间加热器——24kW

（C）当业主提供燃气能源，选择燃气加热机型
1. 洗槽泵电机——2.25kW × 2
2. 最后双重润洗泵电机——0.375kW
3. 输送带传送电机——0.375kW
4. 烘干机电机——1.5kW
5. 洗槽加热器——10.5kW × 2
6. 烘干机加热器——10.5kW
7. 抽取燃气瞬间加热器热水用泵——0.375kW
8. 最后双重润洗瞬间加热器——60000kcal/h（NG）
5.03kg/h（LPG）

图9-8　双槽履带式洗碗机规格说明书

第三节 洗涤设备的周边设备

一套完整的洗涤设备除了洗涤机本身，还有其他许多样的周边设备需要被导入，才能确保洗涤效率高并且有效降低洗涤成本。

一、工作台

外场人员将餐具从外场带回洗涤区之后，宽敞有效率的空间及工作台，能帮助外场人员在短时间内卸下所有脏污的餐具，并且随即进行分类、浸泡等动作。也因此，在工作台的规划上就不能不谨慎，除了适度的大小方便各式餐盘堆叠在一起，略有幅度的水平也能帮助汤汁尽速被导流到水槽里，也方便平常的冲洗和干燥。有些贴心设计的工作台上会挖出一个洞，下面放置收集厨余的桶子，让操作人员在整理餐盘时能够有效率地将厨余收集起来。

二、水槽

餐具在进入洗涤机之前，一定要经过冲洗的动作以切实将菜渣及明显油污冲掉。水槽上方会架设不锈钢架，让餐盘洗涤架可以直接放置在水槽上方而不会掉到槽底，方便用喷枪来做冲洗动作。

三、喷枪

喷枪（见图9-9、图9-10）通常被装置在水槽旁边，须具有冷热水源及足够的水压，才能将餐盘上的菜渣及油渍彻底冲刷下来。在进入洗涤机前将餐盘冲洗得越干净，进入机器后的洗涤效果就越好，清洁剂的使用也越节省。因此，千万不可忽视利用喷枪冲洗餐盘的这个动作。通常厨房要能提供充足大量的热水水源，除了应付一般厨房烹调所需，喷枪和洗碗机的进水提供也是必须的。虽然多数洗碗机都附有加热设备，将进水在瞬间加

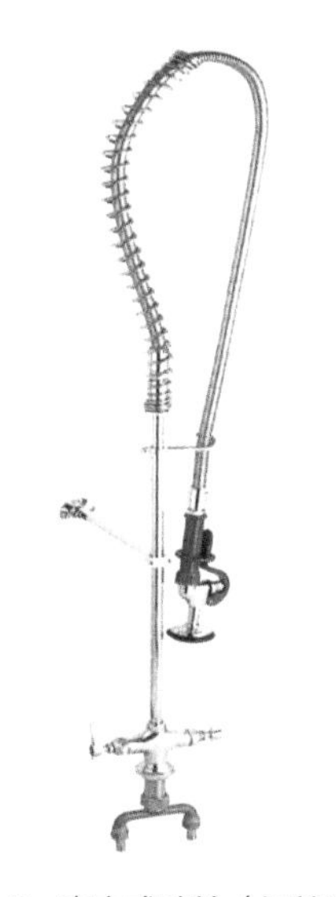

图9-9 直立式喷枪（铜管型）

图9-10 壁挂式喷枪

热到洗涤餐具所需的85℃，但是如果有其他热水水源直接提供给洗涤机，就能减少洗涤机加热设备的负荷，让机器更有效率也更省电。

四、洗涤架

洗涤架可分为很多种类，例如用来放置餐盘的竖盘架及放置高脚杯及平底杯的杯架。

洗涤架看似简单，其实在材质和设计上有诸多巧思。在用途分类上可分为：①多用途；②刀叉筷专用；③咖啡杯、汤杯；④玻璃杯用；⑤大盘专用。其设计上值得一提的特点如下。

①洗涤架封闭式的外壁和开放式的内部分隔，可以确保水分和洗涤液都能完全流通，并且彻底的清洁和干燥。

②洗涤完成后可以搭配推车方便运送，并且可以套上专属的罩子避免外部污染。

③采用聚丙烯材质制造，在耐用度和耐摔度上都有一定的水准，而且能够忍受化学洗涤剂和高达93℃的高温。

④特殊的设计能够平稳地往上堆叠而不致倾倒。

⑤多向轨道系统设计是为了配合履带型洗涤机的牵引，让洗涤机更有效率地勾附到洗涤架，进行有效率的洗涤。

⑥外观巧妙的把手设计，方便操作人员徒手搬运，并降低手部割伤的风险。

五、盘碟车

有了洗涤机之后，因为效率的提升，相对的随着餐盘不断地从洗涤机中洗出来，餐盘的存放反而有了时间上的压力。根据统计，有履带式洗涤设备的洗涤区发生破损的原因反倒是因为洗完餐盘后存放时不慎所产生。相信有实际经验的人都多有同感，自动化洗涤设备在固定的时间后，餐盘就会被洗净送出，如果不即刻收妥就会造成后方回堵，因此规划良好的餐盘餐具存放空间就成了很重要的课题。盘碟车（见图9-11）可说是最方便的选择之一，除容量大可以堆叠上百个餐盘之外，弹性的调整隔板可放置多种不同规格的餐盘，甚至附有轮子方便移动。

图9-11 盘碟车

第四节 洗涤原理

一、洗涤力

洗涤设备最原始的目的就是要能有令人满意的洗涤力来取代人工洗涤，因此多年来洗涤设备厂商的研发重点始终是放在提升洗涤效果、节约更多的能源（水、电）及洗洁剂上。这些可以从洗涤机内的喷头角度、旋转速率、水温以及其他各种细微的设计来获得改善。

就洗涤力而言，是指将洗涤物和油污分开的能力，以更简单的话来形容，即洗涤力必须大于污物附着的能力，才能完成令人满意的洗涤效果。再者，在洗涤力大于污物附着力的前提下，“大于”越小越好，也就是刚好足够将餐具洗涤干净而不多浪费能源及清洁剂。洗涤力可简单分为物理作用力（如人工预洗或机器洗涤）以及化学作用力（如清洁剂的使用），然而无论是物理作用力或是化学作用力，都因为时间、水温、水压以及洗洁剂的浓度而产生不同的洗涤效果（整个洗涤力的构成要素见图9-12）。

就洗涤的物理原理来说，其实在整个洗涤过程中占了超过70%的影响力。因为洗涤机在进行洗涤时，很重要的一个步骤就是通过高压的水刀上下冲喷餐具，使油污能够在瞬间被冲落。因此，良好的洗涤机务必配有足够的水压和良好的冲洗角度，将附着在餐具上的油污冲刷掉。通常喷射的压力在0.04~0.07MPa，而有些大型的洗涤设备甚至有高达200MPa的喷射水压。由此可知水压对于洗涤效果的重要性。

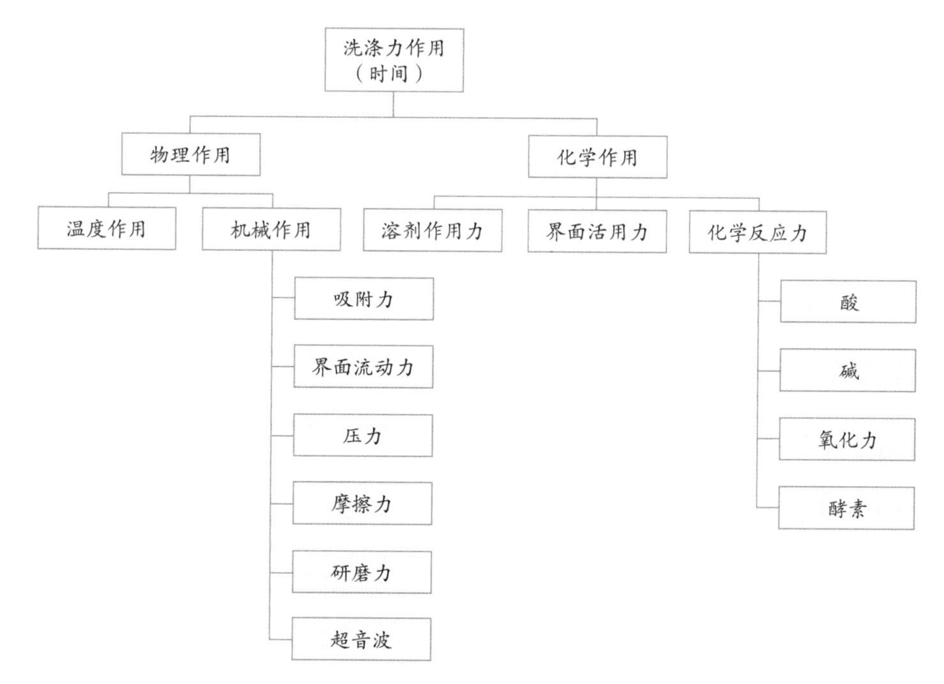

图9-12 洗涤力的构成要素

就化学作用力来说，其实说穿了洗涤就是一个酸碱平衡或说是碱性（洗涤清洁剂）大于酸性（餐盘上的油污）的作用原理。这些强效的碱性清洁剂能够在瞬间将餐具表面上的油污乳皂化，使它能够溶于水中，再配合前述的物理原理让水刀将乳皂化后的油污冲刷掉。因此，有一个很重要的观念就是洗涤机必须勤于换水。洗涤机本身是一个内部循环的机器，随着累积洗涤餐具数量的变多，机器内部循环水的酸性也随之增高。此时机器为了达到满意的洗涤效果，就会自动带进更多的碱性洗洁剂来帮助洗涤，洗涤的成本也因之大为提高。因此，必须灌输操作人员勤于换水的观念，才能洗得干净也洗得节约。

二、水温及水压

要得到良好的洗涤及消毒效果，水温和水压都扮演着很重要的角色。一台合格的洗涤机，必须具备能够维持适当水温的能力。在洗涤的过程中，必须保持水温维持在60~65℃的高温，唯有这样的温度才能够使清洁剂完全产生该有的洗涤效果。而在最后冲刷消毒的过程中，洗涤机必须能瞬间将水温提高到82℃以上，在此高温的环境中除了能够完成消毒的动作，也能够让表面活性剂发挥作用，使餐具在洗涤完成后的数十秒内带离水分，让餐具完全的干燥，否则的话，表面活性剂无法作用只是徒增浪费而已。这也是为什么多数的洗涤设备都内建有瞬间增温器（Booster Heater）的原因。增温器因为靠近洗涤机，水温在进入洗涤机前的流失温度非常有限，能够帮助洗涤机内的水槽保持必须的温度，并且能够瞬间提供至82℃的热水作为消毒使用。

当然，在此还是建议最好在洗涤及进水时，就直接提供热水来减轻增温器及洗涤机的负荷。如果进水的水源是通过餐厅大型锅炉或是燃气燃烧的方式，则能够节省更多的电力成本。

水压则是物理作用力的一个重要关键。洗涤机依照机型大小的不同，必须要能够通过加压电机将水压提升到0.367~1.47kW的能力，才能确保创造出具足够冲脱力的水刀。而且当机器动作时，为适应内部用水的需要，必须要能在短时间内作有效率的水循环。一般小型的洗涤机约为每分钟循环189.27~302.83L（可参考洗涤机内部动作示意图，见图9-13）。目前已有业者引进国外知名品牌开发出的GRS（Guaranteed Rinse System）技术，他们通过一个专属的加热设备，以确保有一定容量的热水是在84℃以上，并且在餐具洗涤的过程中封闭阀门，避免锅炉的水和内部循环水相混合造成水温下降，一直到进行清洗

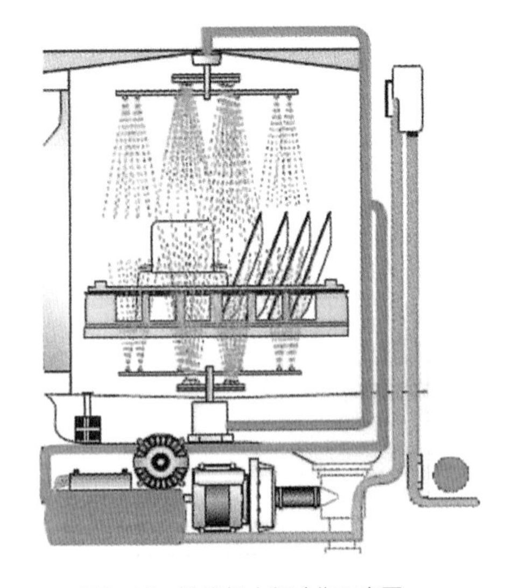

图9-13　洗涤机内部动作示意图

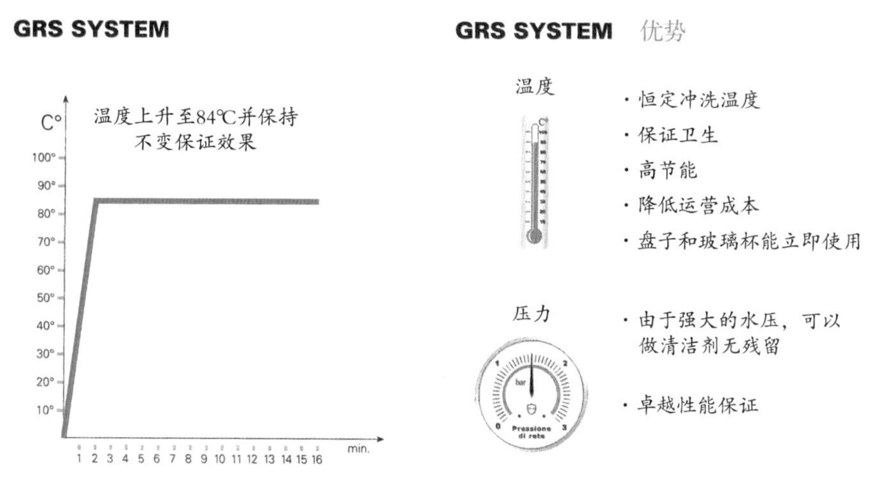

图9-14 GRS特点图示说明

杀菌的动作时，再由锅炉释放热水来冲刷餐具，以确保餐具的洗洁剂能完全冲落，并且让表面活性剂得以有效作用，帮助餐具在瞬间干燥（见图9-14）。

三、洗涤臂

在洗涤的过程中提到了水温及水压的重要性，但是水压和洗涤臂的设计也有着密不可分的关系。除了材质必须有抗菌效果，还要定期监控水质的硬度，以避免硬水因为加热产生水垢而导致洗涤壁的喷水口阻塞，这些都是日常保养要注意的项目。洗涤机的泵将水送到洗涤机的上下两组洗涤臂，借由不同的喷水孔设计创造出不同角度的水刀，再经由电机达快速地旋转洗涤臂，让水刀产生最好的冲刷效果（见图9-15）。

图9-15 洗涤臂

综上所述，可以将洗涤机的效益整理如下。

①使用洗涤机可以大量减少水的消耗。

②餐具器皿因为有专属的洗涤框架，使破损率大幅降低。

③洗涤品质令人满意并且一致。

④省时、省人力也省成本。

⑤餐具器皿因为碰撞机会降低，破损减少，而延长使用年限。

⑥有令人满意的卫生标准。

第五节　洗涤机器的操作与基本保养

一般而言，洗涤机的操作相当简单，只要经过简单的操作训练、卫生知识灌输及简易的故障排除练习，多半就能有效率地操作洗涤设备。操作设备的主要步骤如下。

①开启洗涤设备电源。

②将过滤网及止水阀、止水杆归位。

③开启注水按钮或关舱门进行自动加水动作（需稍待片刻等水温提升至所需温度才会注水）。

④视机器厂牌不同及餐具脏污程度来设定洗涤时间，或是设定为自动模式。

⑤洗涤时注意温度、过程、水压变化是否正常。

⑥注意洗洁剂、表面活性剂是否有消耗使用的变化。

⑦洗涤完成后检视洗涤效果及干燥速度。

停止操作的关机步骤如下。

①关闭电源。

②打开舱门稍待冷却后，开启排水阀、排水杆。

③取出残渣与过滤网冲刷干净。

④取下挡水帘刷洗干净（只有履带型洗涤机的两边出入口有配置挡水帘）。

⑤检视洗涤臂是否旋转平顺，以及是否有变形或松脱的现象。

⑥检视洗涤臂上喷水孔有无堵塞。

⑦检视洗涤机内部水柜是否有餐具（例如刀叉匙筷）掉落底部。

⑧清洁加热管表面以保持加温效率良好。

⑨以湿布擦拭机体外观。

⑩将拆下的挡水帘、止水杆等配件晾干，待隔日使用前再安装上去。

⑪注意洗涤区地面清洁，每日刷洗避免虫鼠。

第六节　污物及清洁剂种类

一、污物种类

就餐厅的洗涤区而言，污物除了垃圾及厨余，以洗涤设备的污物定义，简而言之就是厨余的细微物，例如菜渣、饭粒、面条、油渍等。如果要仔细做物理结构上的区分，则可以有下列几种分类方式。

（一）状型分类

①粒子状污物：固体或液体粒子及微生物等。

②覆膜状污物：油脂或高分子的吸着膜等。

③不定型污物：团块状的混合物。

④溶解状污物：分散微分子状的污物等。

（二）化学组成分类

①无机质：金属类如金属氧化物等。

②非金属类：如土石等。

③有机质：碳水化合物，如淀粉等。

④蛋白质系：如生肉、血水等。

⑤油脂系：如动植物油、矿物油。

⑥其他有机物系：如色素。

（三）亲水亲油分类

①亲水性污物：如食盐、水溶性金属盐。

②亲油性污物：如各种油脂。

（四）污染来源分类

①原属性：如油脂（动植物脂肪）、碳水化合物（各式淀粉、砂糖）、蛋白质、色素。

②附加性：如口红印、手垢指纹、尘垢、水垢等。

而在污物的本质结构中以碳水化合物、蛋白质以及油脂为最大宗。兹分述如下。

二、污物本质结构

（一）碳水化合物

以米饭、面条等淀粉类最具代表性。这类污物通常黏着性极高，且随着时间的增长会形成硬块，强力附着在餐具上，绝非短短数十秒至一两分钟内便能借由洗涤机彻底软化并且冲洗干净。因此，对于附有这种污物的餐具，预先的浸泡就成为非常重要的洗涤前置步骤了。

（二）蛋白质

因为蛋白质本身含有氨基酸，遇热后会产生质变，而且会有凝固的情况产生。为避免附有此类污物的餐具在进入洗涤机接受热水冲洗后产生凝固而造成反效果，进入洗涤机前以喷枪冲洗就成了必要的步骤。这也是为何必须以喷枪冲水的方式预洗餐具的原因之一了。

（三）油脂

油脂因来自不同的动物或植物在属性上略有不同，但是皆属于酸性物质，且有遇冷产生凝固的情况。当在未凝固前或是遇热融成液态后，也因为其覆膜状的缘故而有着强大的附着力。因此必须用热水使其先溶解，再通过洗涤机的碱性清洁剂使其分解而与餐具分离。换句话说，热水和碱性洗涤剂是清洗油脂的重要元素。

三、洗涤剂的种类及构成要素

在使用洗涤剂前，首先要了解上述各种污物的属性以及所需的功用，针对其物理及化学结构和原理来选择适合的清洁剂，再搭配正确的水温、水压以达到令人满意的洗涤效果。洗涤剂的种类可大致分为以下两类。

洗洁剂 洗洁剂可以有不同的形态，如液态、固态、粉状、乳状。餐厅可以依照洗涤机的机型款式选择所需搭配的洗洁剂使用，其功能大同小异，都是为了去除餐具上的油脂、蛋白质等物质。洗洁剂可以依照其酸碱值作简单的成分分类，如表9-1所述。

催干剂 催干剂是一种亲水性很高的物质，主要的功能是让洗净的餐具上残留的水分之表面张力变薄，再加上餐具因为洗涤和洗净的过程经历高水温的冲洗，让餐具本身的温度升高，进而让已经没有太多表面张力的水分快速蒸发。

表9-1 洗涤剂种类

种类	酸性洗涤剂	中性洗涤剂	弱碱洗涤剂	碱性洗涤剂	强碱洗涤剂
pH	<6.0	6.0~8.0	8.0~11.0	11.0~12.5	>12.5
主成分	硝酸	表面活性剂	硝酸盐		氢氧化钠
	磷酸	硬性洗涤剂、阴离子洗涤剂、AOS溶剂	硅酸盐		表面活性剂
	有机酸		磷酸盐		EDTA螯合剂
			表面活性剂		

资料来源：诚品股份有限公司。

就洗洁剂而言，其构成要素可分为以下四种。

（一）隔离剂

隔离剂的作用主要是在保护机器机体本身以及内部零组件（如洗涤臂等）。它可以将水中的矿物质分离并溶于水槽的水中随着洗涤过程不断地被循环，并且在最后排放水时一并被排出机体水槽外。尤其在台湾南部地区多属硬质水，经过高温加热极易产生矿物质，进而附着在机体上，水槽内的加热管尤其明显，会形成一层钙化物质影响加热效率。

（二）碱剂

碱剂的消耗多寡依据餐具污浊的程度而定，因为它决定了洗涤的渗透力和分解油垢的能力。碱与隔离剂结合后，会让油垢浮于水槽内的水面上，而不会残留于餐具或机体上。碱剂通常可分为以下几类。

①氢氧化钠：属于强碱，对于去除残留的油污、油垢最为有效。

②碳酸钠：中碱性，对于氢氧化钠维持油污、油垢在水中的悬浮作用有加分的效果。

③硅酸钠：介于中性碱至强碱之间。

（三）氯

氯具有色泽漂白的功用。可以协助餐具上的污垢分解和去除表面薄膜色垢。

（四）抑泡剂

洗洁剂（如碱剂）其实本身并不会有发泡作用。泡沫产生是因为油垢中蛋白质经由洗涤机冲洗动作而产生。抑泡剂虽无法避免泡沫产生，但是可以使泡沫在很短时间内消失破灭。

第七节 洗涤机的机种选择

洗涤机相较于厨房其他烹饪设备而言，在预算上并不算低。因此，在选择机种时就更需深思熟虑，仔细考量以下几个要点。

一、厨房的空间及动线

在寸土寸金的商业区，餐厅的租金往往影响了整体的利润空间。很多餐厅在规划时就会尽量压缩厨房空间，以争取更多的桌位数。而在有限的厨房空间里，不具烹饪功能的洗涤区往往被牺牲许多。

基本上，洗涤区应该在厨房进入后的不远处，以方便外场人员将餐盘收进到厨房后能很快的进行分类和浸泡预洗。而备有适当空间的工作台面方便人员堆叠分类餐具就显得很重要。接着而来的水槽乃至于机体本身空间，还有洗涤出来后迅速分类整理并且储存，也需要有理想的空间才能执行这些工作。

二、洗净餐具的存放位置

在规划时，尽可能和餐盘存放的位置不要相距太远，如此可以增加洗涤后餐具完成存放的效率，并且减少运送过程中的破损几率。

三、与外场用餐区的距离

如果是开放式厨房或是碍于空间规划的关系，使得洗涤餐具的位置离外场距离很近，并且无法做有效的隔音措施时，选购安静的机型就是必要的考量。

四、餐饮的形态

自助餐型态的餐厅基于食品卫生考量，会要求客人每次取用餐点都用干净的餐盘，因此，一顿饭吃下来所用的餐盘会比一般正常形态的餐厅多出许多。再者，工厂、学校、军队的餐厅，因在短时间内瞬间涌入人员用餐，集体进出的人数庞大，必须考虑大型有效率的履带型洗涤机，并且配置充足的工作台面空间。

五、座位数

每个机型都会有它的洗涤效率测试，餐厅可以依照规划的座位数加上转桌率的计算，了解一个餐期可能创造出必须洗涤的餐盘数量，以作为选购机型的参考。

六、水质

水质长期下来会影响洗涤的效率，必要时可考虑加装软水设备或滤水设备。

七、能源

餐厅可依照申请用电量是否满足机型所需，对于能源的消耗做评估。或是利用锅炉预热水源提供给洗涤机，以减轻洗涤机内建瞬间加热器的负担，自然就可节省能源的使用并且降低成本。

八、经费预算

进口品牌虽然昂贵，但是有其一定卓越的品牌商誉和洗涤品质。本地品牌则有价廉物美的优势。选购前不妨多加比较，依照本身的预算和未来的需求，并且考量后续的维修服务能力而定。近年也有业者提供月租方案，搭配专业人员的定期检修，以降低业主初期的投资成本，不失为是一个好的选择。

附 录

附录一　中华人民共和国消防法

《中华人民共和国消防法》已由中华人民共和国第十一届全国人民代表大会常务委员会第五次会议于2008年10月28日修订通过，现将修订后的《中华人民共和国消防法》公布，自2009年5月1日起施行。

第一章　总　则

第一条　为了预防火灾和减少火灾危害，加强应急救援工作，保护人身、财产安全，维护公共安全，制定本法。

第二条　消防工作贯彻预防为主、防消结合的方针，按照政府统一领导、部门依法监管、单位全面负责、公民积极参与的原则，实行消防安全责任制，建立健全社会化的消防工作网络。

第三条　国务院领导全国的消防工作。地方各级人民政府负责本行政区域内的消防工作。

各级人民政府应当将消防工作纳入国民经济和社会发展计划，保障消防工作与经济社会发展相适应。

第四条　国务院公安部门对全国的消防工作实施监督管理。县级以上地方人民政府公安机关对本行政区域内的消防工作实施监督管理，并由本级人民政府公安机关消防机构负责实施。军事设施的消防工作，由其主管单位监督管理，公安机关消防机构协助；矿井地下部分、核电厂、海上石油天然气设施的消防工作，由其主管单位监督管理。

县级以上人民政府其他有关部门在各自的职责范围内，依照本法和其他相关法律、法规的规定做好消防工作。

法律、行政法规对森林、草原的消防工作另有规定的，从其规定。

第五条　任何单位和个人都有维护消防安全、保护消防设施、预防火灾、报告火警的义务。任何单位和成年人都有参加有组织的灭火工作的义务。

第六条　各级人民政府应当组织开展经常性的消防宣传教育，提高公民的消防安全意识。

机关、团体、企业、事业等单位，应当加强对本单位人员的消防宣传教育。

公安机关及其消防机构应当加强消防法律、法规的宣传，并督促、指导、协助有关单位做好消防宣传教育工作。

教育、人力资源行政主管部门和学校、有关职业培训机构应当将消防知识纳入教育、教学、培训的内容。

新闻、广播、电视等有关单位，应当有针对性地面向社会进行消防宣传教育。

工会、共产主义青年团、妇女联合会等团体应当结合各自工作对象的特点，组织开展消防宣传教育。

村民委员会、居民委员会应当协助人民政府以及公安机关等部门，加强消防宣传教育。

第七条　国家鼓励、支持消防科学研究和技术创新，推广使用先进的消防和应急救援技术、设备；鼓励、支持社会力量开展消防公益活动。

对在消防工作中有突出贡献的单位和个人，应当按照国家有关规定给予表彰和奖励。

第二章　火灾预防

第八条　地方各级人民政府应当将包括消防安全布局、消防站、消防供水、消防通信、消防车通道、消防装备等内容的消防规划纳入城乡规划，并负责组织实施。

城乡消防安全布局不符合消防安全要求的，应当调整、完善；公共消防设施、消防装备不足或者不适应实际需要的，应当增建、改建、配置或者进行技术改造。

第九条　建设工程的消防设计、施工必须符合国家工程建设消防技术标准。建设、设计、施工、工程监理等单位依法对建设工程的消防设计、施工质量负责。

第十条　按照国家工程建设消防技术标准需要进行消防设计的建设工程，除本法第十一条另有规定的外，建设单位应当自依法取得施工许可之日起七个工作日内，将消防设计文件报公安机关消防机构备案，公安机关消防机构应当进行抽查。

第十一条　国务院公安部门规定的大型的人员密集场所和其他特殊建设工程，建设单位应当将消防设计文件报送公安机关消防机构审核。公安机关消防机构依法对审核的结果负责。

第十二条　依法应当经公安机关消防机构进行消防设计审核的建设工程，未经依法审核或者审核不合格的，负责审批该工程施工许可的部门不得给予施工许可，建设单位、施工单位不得施工；其他建设工程取得施工许可后经依法抽查不合格的，应当停止施工。

第十三条　按照国家工程建设消防技术标准需要进行消防设计的建设工程竣工，依照下列规定进行消防验收、备案：

（一）本法第十一条规定的建设工程，建设单位应当向公安机关消防机构申请消防验收；

（二）其他建设工程，建设单位在验收后应当报公安机关消防机构备案，公安机关消防机构应当进行抽查。

依法应当进行消防验收的建设工程，未经消防验收或者消防验收不合格的，禁止投入使用；其他建设工程经依法抽查不合格的，应当停止使用。

第十四条　建设工程消防设计审核、消防验收、备案和抽查的具体办法，由国务院公安部门规定。

第十五条　公众聚集场所在投入使用、营业前，建设单位或者使用单位应当向场所所在地的县级以上地方人民政府公安机关消防机构申请消防安全检查。

公安机关消防机构应当自受理申请之日起十个工作日内，根据消防技术标准和管理规定，对该场所进行消防安全检查。未经消防安全检查或者经检查不符合消防安全要求的，不得投入使用、营业。

第十六条　机关、团体、企业、事业等单位应当履行下列消防安全职责：

（一）落实消防安全责任制，制定本单位的消防安全制度、消防安全操作规程，制定灭火和应急疏散预案；

（二）按照国家标准、行业标准配置消防设施、器材，设置消防安全标志，并定期组织检验、维修，确保完好有效；

（三）对建筑消防设施每年至少进行一次全面检测，确保完好有效，检测记录应当完整准确，存档备查；

（四）保障疏散通道、安全出口、消防车通道畅通，保证防火防烟分区、防火间距符合消防技术标准；

（五）组织防火检查，及时消除火灾隐患；

（六）组织进行有针对性的消防演练；

（七）法律、法规规定的其他消防安全职责。

单位的主要负责人是本单位的消防安全责任人。

第十七条　县级以上地方人民政府公安机关消防机构应当将发生火灾可能性较大以及发生火灾可能造成重大的人身伤亡或者财产损失的单位，确定为本行政区域内的消防安全重点单位，并由公安机关报本级人民政府备案。

消防安全重点单位除应当履行本法第十六条规定的职责外，还应当履行下列消防安全职责：

（一）确定消防安全管理人，组织实施本单位的消防安全管理工作；

（二）建立消防档案，确定消防安全重点部位，设置防火标志，实行严格管理；

（三）实行每日防火巡查，并建立巡查记录；

（四）对职工进行岗前消防安全培训，定期组织消防安全培训和消防演练。

第十八条　同一建筑物由两个以上单位管理或者使用的，应当明确各方的消防安全责任，并确定责任人对共用的疏散通道、安全出口、建筑消防设施和消防车通道进行统一管理。

住宅区的物业服务企业应当对管理区域内的共用消防设施进行维护管理，提供消防安全防范服务。

第十九条　生产、储存、经营易燃易爆危险品的场所不得与居住场所设置在同一建筑物内，并应当与居住场所保持安全距离。

生产、储存、经营其他物品的场所与居住场所设置在同一建筑物内的，应当符合国家工程建设消防技术标准。

第二十条　举办大型群众性活动，承办人应当依法向公安机关申请安全许可，制定灭火和应急疏散预案并组织演练，明确消防安全责任分工，确定消防安全管理人员，保持消防设施和消防器材配置齐全、完好有效，保证疏散通道、安全出口、疏散指示标志、应急照明和消防车通道符合消防技术标准和管理规定。

第二十一条　禁止在具有火灾、爆炸危险的场所吸烟、使用明火。因施工等特殊情况需要使用明火作业的，应当按照规定事先办理审批手续，采取相应的消防安全措施；作业人员应当遵守消防安全规定。

进行电焊、气焊等具有火灾危险作业的人员和自动消防系统的操作人员，必须持证上岗，并遵守消防安全操作规程。

第二十二条　生产、储存、装卸易燃易爆危险品的工厂、仓库和专用车站、码头的设置，应当符合消防技术标准。易燃易爆气体和液体的充装站、供应站、调压站，应当设置在符合消防安全要求的位置，并符合防火防爆要求。

已经设置的生产、储存、装卸易燃易爆危险品的工厂、仓库和专用车站、码头，易燃易爆气体和液体的充装站、供应站、调压站，不再符合前款规定的，地方人民政府应当组织、协调有关部门、单位限期解决，消除安全隐患。

第二十三条　生产、储存、运输、销售、使用、销毁易燃易爆危险品，必须执行消防技术标准和管理规定。

进入生产、储存易燃易爆危险品的场所，必须执行消防安全规定。禁止非法携带易燃易爆危险品进入公共场所或者乘坐公共交通工具。

储存可燃物资仓库的管理，必须执行消防技术标准和管理规定。

第二十四条　消防产品必须符合国家标准；没有国家标准的，必须符合行业标准。禁止生产、销售或者使用不合格的消防产品以及国家明令淘汰的消防产品。

依法实行强制性产品认证的消防产品，由具有法定资质的认证机构按照国家标准、行业标准的强制性要求认证合格后，方可生产、销售、使用。实行强制性产品认证的消防产品目录，由国务院产品质量监督部门会同国务院公安部门制定并公布。

新研制的尚未制定国家标准、行业标准的消防产品，应当按照国务院产品质量监督部门会同国务院公安部门规定的办法，经技术鉴定符合消防安全要求的，方可生产、销售、使用。

依照本条规定经强制性产品认证合格或者技术鉴定合格的消防产品，国务院公安部门消防机构应当予以公布。

第二十五条　产品质量监督部门、工商行政管理部门、公安机关消防机构应当按照各自职责加强对消防产品质量的监督检查。

第二十六条　建筑构件、建筑材料和室内装修、装饰材料的防火性能必须符合国家标准；没有国家标准的，必须符合行业标准。

人员密集场所室内装修、装饰，应当按照消防技术标准的要求，使用不燃、难燃材料。

第二十七条　电器产品、燃气用具的产品标准，应当符合消防安全的要求。

电器产品、燃气用具的安装、使用及其线路、管路的设计、敷设、维护保养、检测，必须符合消防技术标准和管理规定。

第二十八条　任何单位、个人不得损坏、挪用或者擅自拆除、停用消防设施、器材，不得埋压、圈占、遮挡消火栓或者占用防火间距，不得占用、堵塞、封闭疏散通道、安全出口、消防车通道。人员密集场所的门窗不得设置影响逃生和灭火救援的障碍物。

第二十九条　负责公共消防设施维护管理的单位，应当保持消防供水、消防通信、消防车通道等公共消防设施的完好有效。在修建道路以及停电、停水、截断通信线路时有可能影响消防队灭火救援的，有关单位必须事先通知当地公安机关消防机构。

第三十条　地方各级人民政府应当加强对农村消防工作的领导，采取措施加强公共消防设施建设，组织建立和督促落实消防安全责任制。

第三十一条　在农业收获季节、森林和草原防火期间、重大节假日期间以及火灾多发季节，地方各级人民政府应当组织开展有针对性的消防宣传教育，采取防火措施，进行消防安全检查。

第三十二条　乡镇人民政府、城市街道办事处应当指导、支持和帮助村民委员会、居民委员会开展群众性的消防工作。村民委员会、居民委员会应当确定消防安全管理人，组织制定防火安全公约，进行防火安全检查。

第三十三条　国家鼓励、引导公众聚集场所和生产、储存、运输、销售易燃易爆危险品的企业投保火灾公众责任保险；鼓励保险公司承保火灾公众责任保险。

第三十四条　消防产品质量认证、消防设施检测、消防安全监测等消防技术服务机构和执业人员，应当依法获得相应的资质、资格；依照法律、行政法规、国家标准、行业标准和执业准则，接受委托提供消防技术服务，并对服务质量负责。

第三章　消防组织

第三十五条　各级人民政府应当加强消防组织建设，根据经济社会发展的需要，建立多种形式的消防组织，加强消防技术人才培养，增强火灾预防、扑救和应急救援的能力。

第三十六条　县级以上地方人民政府应当按照国家规定建立公安消防队、专职消防队，并按照国家标准配备消防装备，承担火灾扑救工作。

乡镇人民政府应当根据当地经济发展和消防工作的需要，建立专职消防队、志愿消防队，承担火灾扑救工作。

第三十七条　公安消防队、专职消防队按照国家规定承担重大灾害事故和其他以抢救人员生命为主的应急救援工作。

第三十八条　公安消防队、专职消防队应当充分发挥火灾扑救和应急救援专业力量的骨干作用；按照国家规定，组织实施专业技能训练，配备并维护保养装备器材，提高火灾扑救和应急救援的能力。

第三十九条　下列单位应当建立单位专职消防队，承担本单位的火灾扑救工作：

（一）大型核设施单位、大型发电厂、民用机场、主要港口；

（二）生产、储存易燃易爆危险品的大型企业；

（三）储备可燃的重要物资的大型仓库、基地；

（四）第一项、第二项、第三项规定以外的火灾危险性较大、距离公安消防队较远的其他大型企业；

（五）距离公安消防队较远、被列为全国重点文物保护单位的古建筑群的管理单位。

第四十条　专职消防队的建立，应当符合国家有关规定，并报当地公安机关消防机构验收。

专职消防队的队员依法享受社会保险和福利待遇。

第四十一条　机关、团体、企业、事业等单位以及村民委员会、居民委员会根据需要，建立志愿消防队等多种形式的消防组织，开展群众性自防自救工作。

第四十二条　公安机关消防机构应当对专职消防队、志愿消防队等消防组织进行业务指导；根据扑救火灾的需要，可以调动指挥专职消防队参加火灾扑救工作。

第四章　灭火救援

第四十三条　县级以上地方人民政府应当组织有关部门针对本行政区域内的火灾特点制定应急预案，建立应急反应和处置机制，为火灾扑救和应急救援工作提供人员、装备等保障。

第四十四条　任何人发现火灾都应当立即报警。任何单位、个人都应当无偿为报警提供便利，不得阻拦报警。严禁谎报火警。

人员密集场所发生火灾，该场所的现场工作人员应当立即组织、引导在场人员疏散。

任何单位发生火灾，必须立即组织力量扑救。邻近单位应当给予支援。

消防队接到火警，必须立即赶赴火灾现场，救助遇险人员，排除险情，扑灭火灾。

第四十五条　公安机关消防机构统一组织和指挥火灾现场扑救，应当优先保障遇险人员的生命安全。

火灾现场总指挥根据扑救火灾的需要，有权决定下列事项：

（一）使用各种水源；

（二）截断电力、可燃气体和可燃液体的输送，限制用火用电；

（三）划定警戒区，实行局部交通管制；

（四）利用临近建筑物和有关设施；

（五）为了抢救人员和重要物资，防止火势蔓延，拆除或者破损毗邻火灾现场的建筑物、构筑物或者设施等；

（六）调动供水、供电、供气、通信、医疗救护、交通运输、环境保护等有关单位协助灭火救援。

根据扑救火灾的紧急需要，有关地方人民政府应当组织人员、调集所需物资支援灭火。

第四十六条　公安消防队、专职消防队参加火灾以外的其他重大灾害事故的应急救援工作，由县级以上人民政府统一领导。

第四十七条　消防车、消防艇前往执行火灾扑救或者应急救援任务，在确保安全的前提下，不受行驶速度、行驶路线、行驶方向和指挥信号的限制，其他车辆、船舶以及行人应当让行，不得穿插超越；收费公路、桥梁免收车辆通行费。交通管理指挥人员应当保证消防车、消防艇迅速通行。

赶赴火灾现场或者应急救援现场的消防人员和调集的消防装备、物资，需要铁路、水路或者航空运输的，有关单位应当优先运输。

第四十八条　消防车、消防艇以及消防器材、装备和设施，不得用于与消防和应急救援工作无关的事项。

第四十九条　公安消防队、专职消防队扑救火灾、应急救援，不得收取任何费用。

单位专职消防队、志愿消防队参加扑救外单位火灾所损耗的燃料、灭火剂和器材、装备等，由火灾发生地的人民政府给予补偿。

第五十条　对因参加扑救火灾或者应急救援受伤、致残或者死亡的人员，按照国家有关规定给予医疗、抚恤。

第五十一条　公安机关消防机构有权根据需要封闭火灾现场，负责调查火灾原因，统计火灾损失。

火灾扑灭后，发生火灾的单位和相关人员应当按照公安机关消防机构的要求保护现场，接受事故调查，如实提供与火灾有关的情况。

公安机关消防机构根据火灾现场勘验、调查情况和有关的检验、鉴定意见，及时制作火灾事故认定书，作为处理火灾事故的证据。

第五章　监督检查

第五十二条　地方各级人民政府应当落实消防工作责任制，对本级人民政府有关部门履行消防安全职责的情况进行监督检查。

县级以上地方人民政府有关部门应当根据本系统的特点，有针对性地开展消防安全检查，及时督促整改火灾隐患。

第五十三条　公安机关消防机构应当对机关、团体、企业、事业等单位遵守消防法律、法规的情况依法进行监督检查。公安派出所可以负责日常消防监督检查、开展消防宣传教育，具体办法由国务院公安部门规定。

公安机关消防机构、公安派出所的工作人员进行消防监督检查，应当出示证件。

第五十四条　公安机关消防机构在消防监督检查中发现火灾隐患的，应当通知有关单位或者个人立即采取措施消除隐患；不及时消除隐患可能严重威胁公共安全的，公安机关消防机构应当依照规定对危险部位或者场所采取临时查封措施。

第五十五条　公安机关消防机构在消防监督检查中发现城乡消防安全布局、公共消防设施不符合消防安全要求，或者发现本地区存在影响公共安全的重大火灾隐患的，应当由公安机关书面报告本级人民政府。

接到报告的人民政府应当及时核实情况，组织或者责成有关部门、单位采取措施，予以整改。

第五十六条　公安机关消防机构及其工作人员应当按照法定的职权和程序进行消防设计审核、消防验收和消防安全检查，做到公正、严格、文明、高效。

公安机关消防机构及其工作人员进行消防设计审核、消防验收和消防安全检查等，不得收取费用，不得利用消防设计审核、消防验收和消防安全检查谋取利益。公安机关消防机构及其工作人员不得利用职务为用户、建设单位指定或者变相指定消防产品的品牌、销售单位或者消防技术服务机构、消防设施施工单位。

第五十七条　公安机关消防机构及其工作人员执行职务，应当自觉接受社会和公民的监督。

任何单位和个人都有权对公安机关消防机构及其工作人员在执法中的违法行为进行检举、控告。收到检举、控告的机关，应当按照职责及时查处。

第六章　法律责任

第五十八条　违反本法规定，有下列行为之一的，责令停止施工、停止使用或者停产停业，并处三万元以上三十万元以下罚款：

（一）依法应当经公安机关消防机构进行消防设计审核的建设工程，未经依法审核或者审核不合格，擅自施工的；

（二）消防设计经公安机关消防机构依法抽查不合格，不停止施工的；

（三）依法应当进行消防验收的建设工程，未经消防验收或者消防验收不合格，擅自投入使用的；

（四）建设工程投入使用后经公安机关消防机构依法抽查不合格，不停止使用的；

（五）公众聚集场所未经消防安全检查或者经检查不符合消防安全要求，擅自投入使用、营业的。

建设单位未依照本法规定将消防设计文件报公安机关消防机构备案，或者在竣工后未依照本法规定报公安机关消防机构备案的，责令限期改正，处五千元以下罚款。

第五十九条　违反本法规定，有下列行为之一的，责令改正或者停止施工，并处一万元以上十万元以下罚款：

（一）建设单位要求建筑设计单位或者建筑施工企业降低消防技术标准设计、施工的；

（二）建筑设计单位不按照消防技术标准强制性要求进行消防设计的；

（三）建筑施工企业不按照消防设计文件和消防技术标准施工，降低消防施工质量的；

（四）工程监理单位与建设单位或者建筑施工企业串通，弄虚作假，降低消防施工质量的。

第六十条　单位违反本法规定，有下列行为之一的，责令改正，处五千元以上五万元以下罚款：

（一）消防设施、器材或者消防安全标志的配置、设置不符合国家标准、行业标准，或者未保持完好有效的；

（二）损坏、挪用或者擅自拆除、停用消防设施、器材的；

（三）占用、堵塞、封闭疏散通道、安全出口或者有其他妨碍安全疏散行为的；

（四）埋压、圈占、遮挡消火栓或者占用防火间距的；

（五）占用、堵塞、封闭消防车通道，妨碍消防车通行的；

（六）人员密集场所在门窗上设置影响逃生和灭火救援的障碍物的；

（七）对火灾隐患经公安机关消防机构通知后不及时采取措施消除的。

个人有前款第二项、第三项、第四项、第五项行为之一的，处警告或者五百元以下罚款。

有本条第一款第三项、第四项、第五项、第六项行为，经责令改正拒不改正的，强制执行，所需费用由违法行为人承担。

第六十一条　生产、储存、经营易燃易爆危险品的场所与居住场所设置在同一建筑物内，或者未与居住场所保持安全距离的，责令停产停业，并处五千元以上五万元以下罚款。

生产、储存、经营其他物品的场所与居住场所设置在同一建筑物内，不符合消防技术标准的，依照前款规定处罚。

第六十二条　有下列行为之一的，依照《中华人民共和国治安管理处罚法》的规定处罚：

（一）违反有关消防技术标准和管理规定生产、储存、运输、销售、使用、销毁易燃易爆危险品的；

（二）非法携带易燃易爆危险品进入公共场所或者乘坐公共交通工具的；

（三）谎报火警的；

（四）阻碍消防车、消防艇执行任务的；

（五）阻碍公安机关消防机构的工作人员依法执行职务的。

第六十三条　违反本法规定，有下列行为之一的，处警告或者五百元以下罚款；情节严重的，处五日以下拘留：

（一）违反消防安全规定进入生产、储存易燃易爆危险品场所的；

（二）违反规定使用明火作业或者在具有火灾、爆炸危险的场所吸烟、使用明火的。

第六十四条　违反本法规定，有下列行为之一，尚不构成犯罪的，处十日以上十五日以下拘留，可以并处五百元以下罚款；情节较轻的，处警告或者五百元以下罚款：

（一）指使或者强令他人违反消防安全规定，冒险作业的；

（二）过失引起火灾的；

（三）在火灾发生后阻拦报警，或者负有报告职责的人员不及时报警的；

（四）扰乱火灾现场秩序，或者拒不执行火灾现场指挥员指挥，影响灭火救援的；

（五）故意破坏或者伪造火灾现场的；

（六）擅自拆封或者使用被公安机关消防机构查封的场所、部位的。

第六十五条　违反本法规定，生产、销售不合格的消防产品或者国家明令淘汰的消防产品的，由产品质量监督部门或者工商行政管理部门依照《中华人民共和国产品质量法》的规定从重处罚。

人员密集场所使用不合格的消防产品或者国家明令淘汰的消防产品的，责令限期改正；逾期不改正的，处五千元以上五万元以下罚款，并对其直接负责的主管人员和其他直接责任人员处五百元以上二千元以下罚款；情节严重的，责令停产停业。

公安机关消防机构对于本条第二款规定的情形，除依法对使用者予以处罚外，应当将发现不合格的消防产品和国家明令淘汰的消防产品的情况通报产品质量监督部门、工商行政管理部门。产品质量监督部门、工商行政管理部门应当对生产者、销售者依法及时查处。

第六十六条　电器产品、燃气用具的安装、使用及其线路、管路的设计、敷设、维护保养、检测不符合消防技术标准和管理规定的，责令限期改正；逾期不改正的，责令停止使用，可以并处一千元以上五千元以下罚款。

第六十七条　机关、团体、企业、事业等单位违反本法第十六条、第十七条、第十八条、第二十一条第二款规定的，责令限期改正；逾期不改正的，对其直接负责的主管人员和其他直接责任人员依法给予处分或者给予警告处罚。

第六十八条　人员密集场所发生火灾，该场所的现场工作人员不履行组织、引导在场人员疏散的义务，情节严重，尚不构成犯罪的，处五日以上十日以下拘留。

第六十九条　消防产品质量认证、消防设施检测等消防技术服务机构出具虚假文件的，责令改正，处五万元以上十万元以下罚款，并对直接负责的主管人员和其他直接责任人员处一万元以上五万元以下罚款；有违法所得的，并处没收违法所得；给他人造成损失的，依法承担赔偿责任；情节严重的，由原许可机关依法责令停止执业或者吊销相应资质、资格。

前款规定的机构出具失实文件，给他人造成损失的，依法承担赔偿责任；造成重大损失的，由原许可机关依法责令停止执业或者吊销相应资质、资格。

第七十条　本法规定的行政处罚，除本法另有规定的外，由公安机关消防机构决定；其中拘留处罚由县级以上公安机关依照《中华人民共和国治安管理处罚法》的有关规定决定。

公安机关消防机构需要传唤消防安全违法行为人的，依照《中华人民共和国治安管理处罚法》的有关规定执行。

被责令停止施工、停止使用、停产停业的，应当在整改后向公安机关消防机构报告，经公安机关消防机构检查合格，方可恢复施工、使用、生产、经营。

当事人逾期不执行停产停业、停止使用、停止施工决定的，由作出决定的公安机关消防机构强制执行。

责令停产停业，对经济和社会生活影响较大的，由公安机关消防机构提出意见，并由公安机关报请本级人民政府依法决定。本级人民政府组织公安机关等部门实施。

第七十一条　公安机关消防机构的工作人员滥用职权、玩忽职守、徇私舞弊，有下列行为之一，尚不构成犯罪的，依法给予处分：

（一）对不符合消防安全要求的消防设计文件、建设工程、场所准予审核合格、消防验收合格、消防安全检查合格的；

（二）无故拖延消防设计审核、消防验收、消防安全检查，不在法定期限内履行职责的；

（三）发现火灾隐患不及时通知有关单位或者个人整改的；

（四）利用职务为用户、建设单位指定或者变相指定消防产品的品牌、销售单位或者消防技术服务机构、消防设施施工单位的；

（五）将消防车、消防艇以及消防器材、装备和设施用于与消防和应急救援无关的事项的；

（六）其他滥用职权、玩忽职守、徇私舞弊的行为。

建设、产品质量监督、工商行政管理等其他有关行政主管部门的工作人员在消防工作中滥用职权、玩忽职守、徇私舞弊，尚不构成犯罪的，依法给予处分。

第七十二条　违反本法规定，构成犯罪的，依法追究刑事责任。

第七章　附　则

第七十三条　本法下列用语的含义：

（一）消防设施，是指火灾自动报警系统、自动灭火系统、消火栓系统、防烟排烟系统以及应急广播和应急照明、安全疏散设施等。

（二）消防产品，是指专门用于火灾预防、灭火救援和火灾防护、避难、逃生的产品。

（三）公众聚集场所，是指宾馆、饭店、商场、集贸市场、客运车站候车室、客运码头候船厅、民用机场航站楼、体育场馆、会堂以及公共娱乐场所等。

（四）人员密集场所，是指公众聚集场所，医院的门诊楼、病房楼，学校的教学楼、图书馆、食堂和集体宿舍，养老院，福利院，托儿所，幼儿园，公共图书馆的阅览室，公共展览馆、博物馆的展示厅，劳动密集型企业的生产加工车间和员工集体宿舍，旅游、宗教活动场所等。

第七十四条　本法自2009年5月1日起施行。

附录二　GB13495.1—2015 消防安全标志 第 1 部分：标志（摘选）

（GB13495.1—2015消防安全标志　第1部分：标志由中华人民共和国国家质量监督检验检疫总局和中国国家标准化管理委员会于2015年6月2日发布，2015年8月1日起实施。）

消防安全标志是由几何形状、安全色、表示特定消防安全信息的图形构成。消防安全标志的几何形状、安全色及对比色、图形符号色的含义见表1。

表1　消防安全标志的几何形状、安全色及对比色、图形符号色的含义

几何形状	安全色	安全色的对比色	图形符号色	含义
正方形	红色	白色	白色	标示消防设施（如火灾报警装置和灭火设备）
正方形	绿色	白色	白色	提示安全状况（如紧急疏散逃生）
带斜杠的圆形	红色	白色	黑色	表示禁止
等边三角形	黄色	黑色	黑色	表示警告

消防安全标志根据其功能分为火灾报警装置标志、紧急疏散逃生标志、灭火设备标志、禁止和警告标志、方向辅助标志以及文字辅助标志。

一、火灾报警装置标志（表2）

表2　火灾报警装置标志

编号	标志	名称	说明
01		消防按钮 FIRE CALL POINT	标示火灾报警按钮和消防设备启动按钮的位置 需指示消防按钮方位时，应与30标志组合使用。
02		发声警报器 FIRE ALARM	标示发声警报器的位置

续表

编号	标志	名称	说明
03		火警电话 FIRE ALARM TELEPHONE	标示火警电话的位置和号码。需指示火警电话方位时，应与30标志组合使用
04		消防电话 FIRE TELEPHONE	标示火灾报警系统中消防电话及插孔的位置 需指示消防电话方位时，应与30标志组合使用

二、紧急疏散逃生标志（表3）

表3　紧急疏散逃生标志

编号	标志	名称	说明
05		安全出口 EXIT	提示通往安全场所的疏散出口 根据到达出口的方向，可选用向左或向右的标志。需指示安全出口的方位时，应与29标志组合使用
06		滑动开门 SLIDE	提示滑动门的位置及方向
07		推开 PUSH	提示门的推开方向
08		拉开 PULL	提示门的拉开方向

续表

编号	标志	名称	说明
09		击碎板面 BREAK TO OBTAIN ACCESS	提示需击碎板面才能取到钥匙、工具，操作应急设备或开启紧急逃生出口
10		逃生梯 ESCAPE LADDER	提示固定安装的逃生梯的位置 需指示逃生梯的方位时，应与29标志组合使用

三、灭火设备标志（表4）

表4　灭火设备标志

编号	标志	名称	说明
11		灭火设备 FIRE-FIGHTING EQUIPMENT	标示灭火设备集中摆放的位置 需指示灭火设备的方位时，应与30标志组合使用
12		手提式灭火器 PORTABLE FIRE EXTINGUISHER	标示手提式灭火器的位置 需指示手提式灭火器的方位时，应与30标志组合使用
13		推车式灭火器 WHEELED FIRE EXTINGUISHER	标示推车式灭火器的位置 需指示推车式灭火器的方位时，应与30标志组合使用
14		消防炮 FIRE MONITOR	标示消防炮的位置 需指示消防炮的方位时，应与30标志组合使用
15		消防软管卷盘 FIRE HOSE REEL	标示消防软管卷盘、消火栓箱、消防水带的位置 需指示消防软管卷盘、消火栓箱，消防水带的方位时，应与30标志组合使用
16		地下消火栓 UNDERGROUND FIRE HYDRANT	标示地下消火栓的位置 需指示地下消火栓的方位时，应与30标志组合使用

续表

编号	标志	名称	说明
17		地上消火栓 OVERGROUND FIRE HYDRANT	标示地上消火栓的位置 需指示地上消火栓的方位时，应与30标志组合使用
18		消防水泵接合器 SIAMESE CONNECTION	标示消防水泵接合器的位置 需指示消防水泵接合器的方位时，应与30标志组合使用

四、禁止和警告标志（表5）

表5　禁止和警告标志

编号	标志	名称	说明
19		禁止吸烟 NO SMOKING	表示禁止吸烟
20		禁止烟火 NO BURNING	表示禁止吸烟或各种形式的明火
21		禁止放易燃物 NO FLAMMABLE MATERIALS	表示禁止存放易燃物
22		禁止燃放鞭炮 NO FIREWORKS	表示禁止燃放鞭炮或焰火
23		禁止用水灭火 DO NOT EXTINGUISH WITH WATER	表示禁止用水作灭火剂或用水灭火

续表

编号	标志	名称	说明
24		禁止阻塞 DO NOT OBSTRUCT	表示禁止阻塞的指定区域(如疏散通道)
25		禁止锁闭 DO NOT LOCK	表示禁止锁闭的指定部位(如疏散通道和安全出口的门)
26		当心易燃物 WARNING: FLAMMABLE MATERIAL	警示来自易燃物质的危险
27		当心氧化物 WARNING: OXIDIZING SUBSTANCE	警示来自氧化物的危险
28		当心爆炸物 WARNING: EXPLOSIVE MATERIAL	警示来自爆炸物的危险，在爆炸物附近或处置爆炸物时应当心

五、方向辅助标志（表6）

表6　方向辅助标志

编号	标志	含义	说明
29		疏散方向 DIRECTION OF ESCAPE	指示安全出口的方向 箭头的方向还可为上、下、左上、右上、右、右下等

续表

编号	标志	含义	说明
30		火灾报警装置或灭火设备的方位 DIRECTION OF FIRE ALARM DEVICE OR FIREFIGHTING EQUIPMENT	指示火灾报警装置或灭火设备的方位 箭头的方向还可为上、下、左上、右上、右、右下等

参考文献

【1】 丁佩芝，陈月霞译. 利器. 台北：时报文化出版社，1997.

【2】 李剑光. 专业厨房设施. 台北：品度，2001.

【3】 沈玉振译. 餐厅筹备计划（1）：可行性评估与经营概念. 台北：品度，2001.

【4】 沈玉振译. 餐厅筹备计划（2）：设备设计、选用与管理. 台北：品度，2001.

【5】 沈玉振译. 餐厅筹备计划（3）：器具、餐具、桌巾选用与管理. 台北：品度，2001.

【6】 阮仲仁. 观光饭店计划：投资、规划、经营、设计. 新北市：旺文社，1991.

【7】 周旺主编. 烹饪器具及设备. 北京：中国轻工业出版社，2007.

【8】 林月英. 西餐实习. 台北：扬智，2007.

【9】 孙路弘审译. 餐厅服务管理. 台北：桂鲁，2002.

【10】高秋英. 餐饮管理——理论与实务. 台北：扬智，1999.

【11】张秋艳译. 饭店、俱乐部及酒吧：餐饮服务设施的规划、设计及投资. 大连：大连理工大学出版社，2003.

【12】陈尧帝. 餐饮管理. 第三版. 台北：扬智，2001.

【13】掌庆琳译. 餐饮连锁经营. 台北：扬智，1999.

【14】程安琪企编. 泰国美食有诀窍——出国点菜嘛也通. 台北：橘子，1998.

【15】刘添仁等. 餐饮器皿设备认识与维护. 台北：生活家，2005.

【16】蔡毓峰. 餐饮管理资讯系统——应用与报表解析. 台北：扬智，2004.

【17】Birchfield, John C., Sparrowe, Raymond T. Design and Layout of Foodservice Facilities (2nd). London：John Wiley & Sons，2002.

【18】Christopher Egerton Thomas. How to Open and Run a Successful Restaurant (3rd). London：John Wiley & Sons, 2005.

【19】Costas Katsigris, Chris Thomas. Design and Equipment for Restaurants and Foodservice: A Management View (2nd). London：John Wiley & Sons，2005.

【20】Irving J. Mills. Tabletop Presentations: A Guide for the Foodservice Professional. London：John Wiley & Sons, 1989.

【21】James Stevens, Lois Snowberger. Food Equipment Digest. London：John Wiley & Sons, 1997.

【22】John R.Walker. The Restaurant: From Concept to Operation (5th). London：John Wiley & Sons, 2008.

【23】Scanlon. Catering Management (3rd). London：John Wiley & Sons, 2006.

【24】Hobart官方网站. [2008-5-10]. http://www.hobartlink.com/hobartg6/co/corporate.nsf/timeline.html?OpenPage.

【25】Libbey官方网站. [2018-5-21]. http://www.libbey.com.

【26】Royal Procelain官方网站. [2018-5-13]. http://www.royalporcelain.co.th.

【27】Rubbermaid官方网站. [2018-5-22]. http://www.rcpworksmarter.com/rcp/company.

【28】Zanussi官方网站. [2018-5-7]. http://www.zanussiprofessional.com/index.asp.

【29】大同瓷器股份有限公司官方网站. [2007-5-20]. http://www.tatungchinaware.com.tw/index22.html.

【30】美国康宁餐具专业网. [2008-5-17]. http://www.maico.com.tw/front/bin/home.phtml.